Exercices pratiques de RDM
&
Éléments finis

Résumés du cours et exercices corrigés

Houbab Abid

Exercices pratiques de RDM
&
Éléments finis

Résumés du cours et exercices corrigés

LE LYS BLEU

www.lysbleueditions.com
contact@lysbleueditions.com

ISBN : 979-10-422-9836-4

Avant-propos

Cet ouvrage s'adresse aux élèves de bac technique, aux étudiants de licence de technologie mécanique, maintenance industrielle ou électromécanique, ainsi qu'aux étudiants des instituts des sciences et de technique. C'est aussi un ouvrage de base pour les étudiants du cycle ingénieur en génie mécanique et électromécanique, et pour les étudiants du premier cycle universitaire qui sont amenés à passer des examens de résistance des matériaux. À travers des exercices courts, sont abordées les diverses techniques et méthodes pour résoudre de manière rapide, efficace et rigoureuse les divers problèmes de résistance des matériaux et des éléments finis, poutre et treillis, que vous rencontrez lors de l'étude et de l'analyse des mécanismes industriels. Ce recueil est un bon complément à vos cours, travaux dirigés et travaux pratiques. Chaque chapitre commence par un résumé de cours présenté sous forme de formules et de méthodes de résolution. Il vous permet de vous confronter à des exercices différents, dans le fond et la forme, et traite le problème de calcul des contraintes et des déformations dans les poutres et arbres de transmission.

Ces exercices viendront compléter vos connaissances des mécanismes et de la mécanique. Les calculs sont conduits jusqu'à l'étape des résultats numériques afin de décrire avec précision le fonctionnement des systèmes étudiés.

La forme générale des exercices proposés est la suivante :

- Les énoncés sont courts, accompagnés d'un schéma où figurent le paramétrage et la définition du système.
- Les questions portent sur un point particulier : une méthode de résolution, une technique de calcul.
- Les corrections sont fournies et commentées.
- Les schémas et figures réponses sont fournis afin qu'on puisse réaliser directement les résolutions et aussi y faire figurer des résultats.
- Des exemples bien détaillés de vérification de la résistance des poutres sont réalisés par simulation sur SolidWorks.

Table des matières

Chapitre 1
Extension et compression simple

Dans cette partie, la série d'exercices concerne les calculs de vérification de la résistance vis-à-vis des contraintes normales de compression et de traction ainsi que les calculs de dimensionnement et de déformation des pièces mécaniques. On y traite les problèmes des poutres, des câbles en acier, les treillis et les enveloppes minces ainsi que les poutres avec concentration de contrainte.

1. Formules & Notes de cours

- Contrainte normale :

$$\sigma = \frac{N}{S}$$

- L'allongement relatif :

$$\varepsilon_L = \frac{\Delta L}{L_0}$$

- Contraction relative :

$$\varepsilon_D = \frac{\Delta D}{D_0} = \nu \times \varepsilon_L = \nu \times \frac{\Delta l}{l_0}$$, ν est le coefficient de Poisson

- Allongement dû à la dilatation thermique :

$$\Delta L = l_0 \times \alpha \times \Delta T$$, α est le coefficient de dilatation linéaire

- La loi de Hooke : en déformation élastique :

$$\sigma = E \times \varepsilon$$

- Concentration de contraintes :

$$\sigma_{max} = K_t \times \sigma_0 \text{ avec } \sigma_0 = \frac{F}{S} = \frac{N}{S}$$

- Condition de résistance :

$$\sigma_{max} \leq R_{pe} \quad \text{avec} \quad \left(R_{pe} = \frac{R_e}{s} \right)$$

- Enveloppe mince :

o La contrainte de traction (σ) due à la pression interne (p) exercée sur un cylindre de diamètre (d) à parois mince d'épaisseur (e) est :

- Contrainte longitudinale : $\sigma_I = \dfrac{p \times d}{4 \times e}$
- Contrainte transversale : $\sigma_{II} = \dfrac{p \times d}{2 \times e}$
- Condition de résistance : $\sigma_{max} = \sigma_{II} \leq \sigma_{adm}$

o La contrainte de traction (σ) due à la pression interne (P) exercée sur une enveloppe sphérique diamètre (d) à parois mince d'épaisseur (e) est :

- Contrainte de traction : $\sigma = \dfrac{p \times d}{4 \times e}$
- Condition de résistance : $\sigma \leq \sigma_{adm}$

2. Exercices

Exercice E.1 : Tube en extension

Un tube de *100 mm* de longueur, de *50 mm* de diamètre extérieur et de *30 mm* de diamètre intérieur en acier de limite élastique en compression *240 MPa,* supporte une charge de *10 000 daN* en compression.

1. Vérifier la résistance du tube ?

Si le coefficient de sécurité est $s = 2$ et $E = 210\,000\ MPa$

2. Calculer la longueur en charge.

Exercice E.2 : Poutre en extension

Une poutre de longueur est $l = 2{,}5\ m$ de section rectangulaire (*20 mm* × *60 mm*), soumise à une force de traction axiale de $100 \times 10^3 N$. On observe un allongement de *1,1 mm.*

1. Calculer la contrainte axiale.
2. Calculer l'allongement relatif.
3. Calculer le module de Young.

Exercice E.3 : Éprouvette de traction

Une éprouvette de traction soumise à un effort de $50 \times 10^3 N$ de longueur *100 mm* de section $150\ mm^2$. L'acier de l'éprouvette a pour *E = 210 000 MPa* et *ν 0.25*.

1. Déterminer l'allongement relatif.
2. Déterminer la variation de volume.

Exercice E.4 : Câble en acier en extension

Un câble d'acier supporte une charge de $15 \times 10^3\ N$ de limite élastique $R_e = 380\ MPa$ ce câble comporte 8 torons de n fils de *1,2 mm* de diamètre. Le coefficient de sécurité adopté est de *5*.

Quel sera le nombre de fils dans chaque toron pour soulever cette charge en toute sécurité ?

Exercice E.5 : Barre circulaire en extension

Une barre en acier supporte un effort de traction de $12 \times 10^4\ N$. Sa section est circulaire de 28 *mm* de diamètre. Le module de Young de l'acier est égal à *210 000 MPa.* L'allongement encouru par la barre est de *2,3 mm.*
Quelle est la longueur initiale de la barre ?

Exercice E.6 : Dimensionnement d'une tige de vérin

Un vérin hydraulique est actionné par un piston de *250 mm* de diamètre sur lequel agit une pression d'huile de *50 bars*.

1. Calculer la force de compression sur la tige du piston.
2. Calculer le diamètre minimal de la tige du piston sachant que la contrainte admissible de la tige est de *120 MPa.*

Exercice E.7 : Barre carré en extension

Une barre de longueur *1 m* de section carré de côté *a = 40 mm* soumis à une force de traction de $50 \times 10^4\ N$. Calculer la diminution de dimension latérale due à cette charge.

Avec *E= 210 000 MPa* et *ν = 0,3*

Exercice E.8 : Allongement de barre en aluminium

Une barre en aluminium de longueur $l = 4\ m$ supporte une contrainte de tension de *100 MPa*.

On donne :

- o Module d'Young : $E = 70\,000\ MPa$.
- o Le coefficient de dilatation linéaire $\alpha = 23,7\ 10^{-6}\ °C^{-1}$.

1. Calculer l'allongement total de la barre.

2. Quelle variation de température produirait le même allongement ?

Exercice E.9 : Structure porteuse

Un système de soulèvement de charge figure 1,1 est constitué de deux barres d'acier identiques (les liaisons sont des articulations) supportent une masse de *10 000 kg* à leur extrémité, comme indique la figure ci-dessous. Calculez la section des barres telle que la contrainte subie ne soit pas plus grande que *200 MPa*.

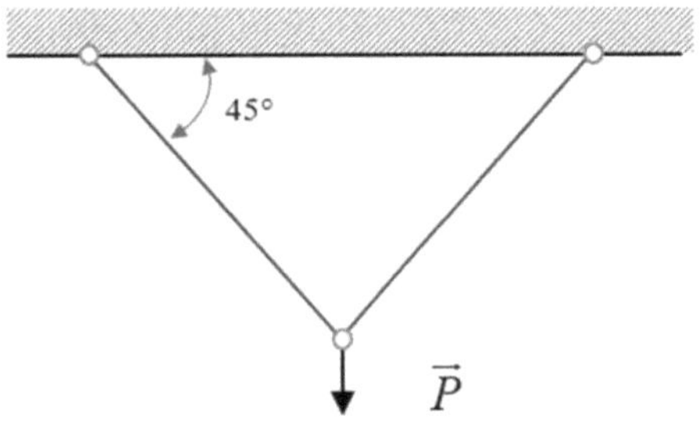

Fig 1.1 : Modèle du système de soulèvement

Exercice E.10 : Système de manutention à deux barres

Un système manutention figure 1.2 se compose de deux barres articulées sur deux attaches B et C. Les deux barres sont reliées au point commun D. Ce point est sollicité par une force verticale valant $F = 50\,000\ N$.

Section de la barre B-D $250\ mm^2$, section de la barre C-D $400\ mm^2$.

1. Calculer les efforts axiaux dans les deux barres.

2. Calculer le déplacement total du point d'application de la force si ces deux barres sont en acier de module d'Young $E= 210\,000\ MPa$.

3. Pour quelle section S_{BD} on a le déplacement du point D est vertical.

4. Calculer la descente δ du point D dans le cas où le déplacement du point D est vertical.

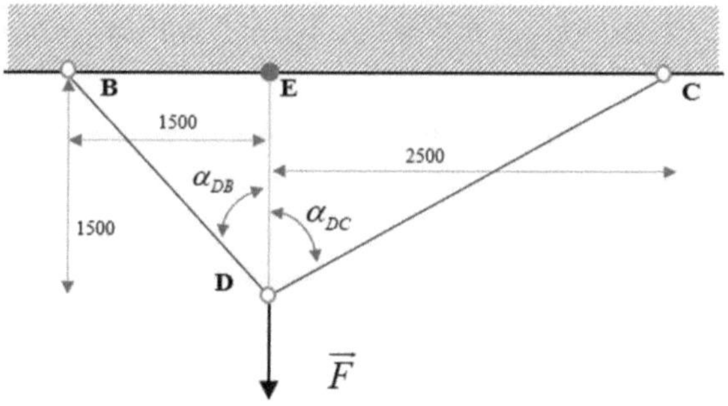

Fig 1.2 : Système de manutention à deux barres

Exercice E.11 : Système de manutention à trois barres

Le système à étudier figure 1.3 est constitué de trois barres suspendues et reliées entre elles en O. Toutes les liaisons sont des articulations parfaites, sans frottement. Les trois barres sont construites avec un matériau rigide ; c'est-à-dire que les déformations restent très petites devant les longueurs initiales.

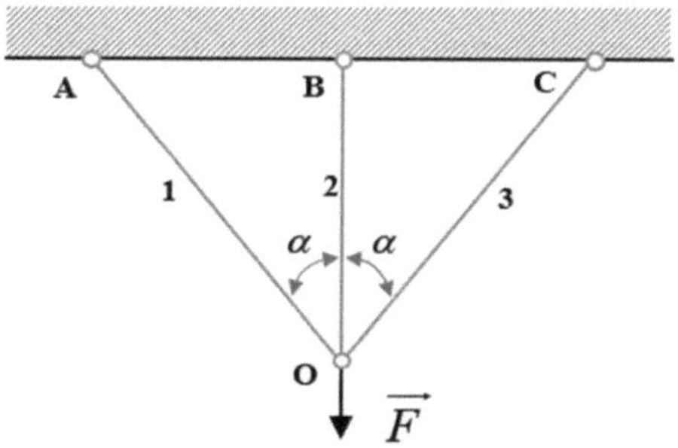

Fig 1.3 : Système de manutention à trois barres

Elles sont en même matière et ont la même section droite constante S. leurs poids propres sont parfaitement négligeables devant les autres efforts qui leur sont appliqués. On donne : Barre 1 et 3 : E, S, L_1, Barre 2 : E, S, L_2.

Calculer l'allongement de chaque barre.

Exercice E.12 : Système d'évacuation

Un système d'évacuation figure 1.4 d'un bassin constitué d'un tube (1) de diamètre intérieur *250 mm* est obturé par un couvercle (2) maintenu par n vis (3). La pression au niveau de la tube est de *10 bars* maxi. (*1 bar = 0,1 MPa*)

Les vis utilisées ont un diamètre *12 mm de Pas 1.75 mm* et de qualité *8.8*, les vis doivent travailler à *50 %* de leur limite élastique et le coefficient de concentration de contrainte $K_t = 2,5$ à la base des filets.

1. Calculer la valeur de l'effort presseur.

2. Calculer le nombre de vis nécessaire.

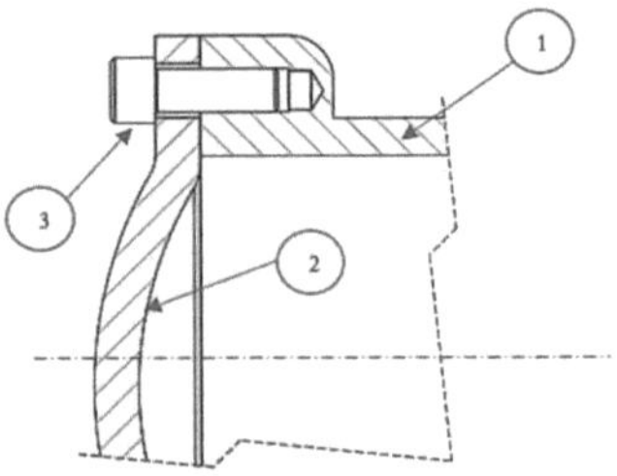

Fig 1.4 : Système d'évacuation

Exercice E.13 : Vérification de la résistance d'une tige de vérin

On s'intéresse au dimensionnement d'une tige de vérin en acier. La sollicitation principale à laquelle est soumise la tige du vérin est de la traction. Les dimensions sont données sur la figure 1.5 avec $F = 60\,000\ N$ et $R_{pe} = 420\ MPa$.

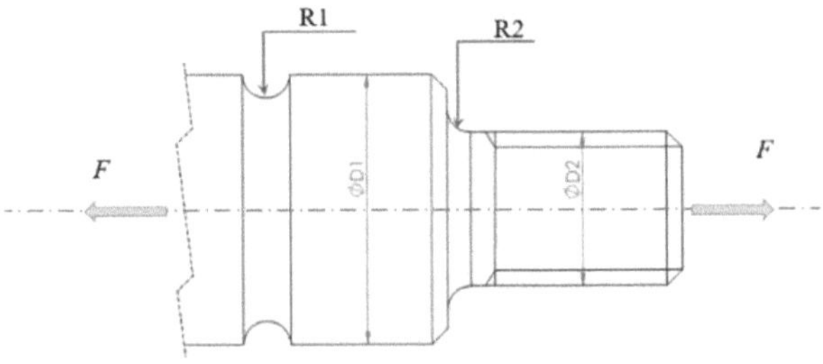

Fig 1.5 : Tige de vérin

$R_1 = 6\ mm$, $R_2 = 3\ mm$, $D_1 = 40\ mm$, $D_2 = M.25\ Pas = 2,5$.

Les concentrations de contraintes conduisent à une étude plus précise pour les sections au niveau de la gorge de rayon R_1, du congé de rayon R_2 et du filetage *M.25* avec le coefficient de concentration de contrainte $K_t=2,5$ à la base des filets.

On se référera aux abaques aux figures de L'Annexe 1 pour calculer la contrainte nominale pour chaque section.
Vérifier la résistance des trois sections et conclure.

Exercice E.14 : Dimensionnement d'une conduite d'eau

Une conduite d'eau sous pression est composée de tuyaux en fonte dont le diamètre intérieur est de $D = 200\ mm$. La pression en service normal est de $P = 4\ bars$, mais on admettra une certaine surpression accidentelle de *2 bars*.

Calculer l'épaisseur des tuyaux en supposant une résistance pratique de *12 MPa*.

Exercice E.15 : Dimensionnement d'un réservoir de propane

Un réservoir de propane figure 1.6 est constitué d'une partie cylindrique de diamètre $D = 1\ m$ et de longueur $l = 2\ m$, fermé à ses extrémités par des embouts assimilés à des demi-sphères. La pression d'équilibre liquide/vapeur du propane à 44 °C est de $17,10^5\ Pa$. Le réservoir est obtenu à partir de tôles formées en acier *A48 AP*, de $R_e = 295\ MPa$. Le coefficient de sécurité est $k = 2$.

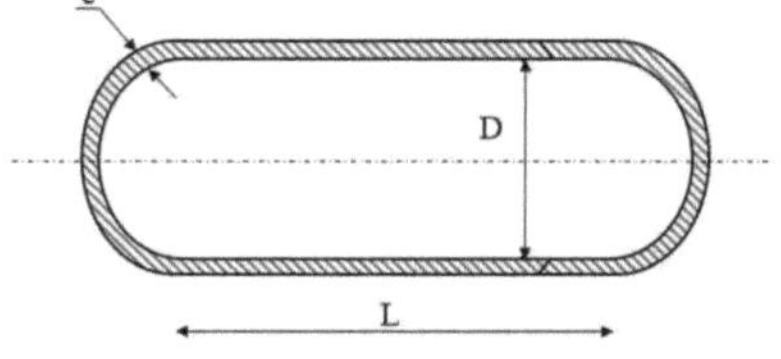

Fig 1.6: Réservoir de propane

Calculer l'épaisseur minimale du réservoir.

Exercice E.16 : Vérification de la résistance d'une tige par simulation

L'objectif de cet exercice est de vérifier la résistance d'une tige de maintien figure 1.7 d'une raille de guidage d'un palan électrique.

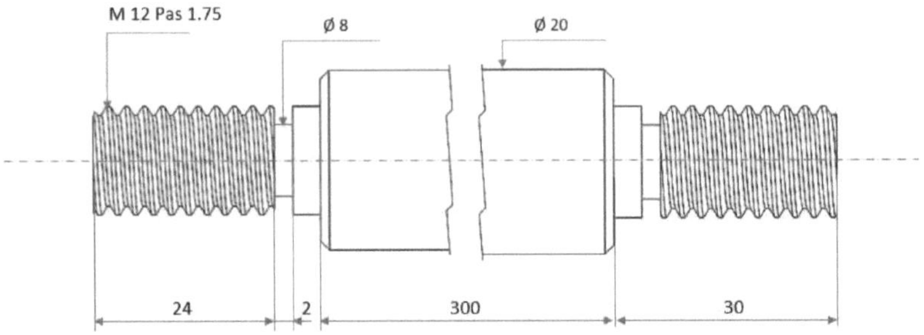

Fig 1.7 : Tige de maintien

Cette tige est soumise à une charge d'extension F = *3000 N*. Les dimensions sont en (*mm*).

Pour vérifier la résistance de cette tige, on va réaliser une simulation sur SOLIDWORKS.

Les étapes de la simulation :

a) Représenter la tige sur SOLIDEWORKS.

b) Appliquer un matériau pour la tige (**Acier allié)**

c) Vérifier que la masse doit être ***772,2 g.***

d) Sélectionner l'onglet « SIMULATION » puis « nouvelle étude "après" étude de type statique ».

e) Sélectionner : déplacements internes, géométrie fixe : sélectionner une face de l'extrémité de la tige.

f) Cliquer sur chargements externes puis force : sélectionner l'autre face de l'extrémité, puis mettre une valeur de ***3000 N***.

g) Sélectionner maillage puis densité de maillage fin.

h) Enfin, exécuter cette étude.

Interprétation des résultats :

1. Afficher les résultats de la contrainte normale d'extension.

2. En déduire la valeur de la contrainte normale maximale et sa position.

3. Vérifier la résistance en extension de la tige.

4. Interpréter les résultats.

3. Corrections

Correction E.1

1. On a la condition de résistance : $\sigma_{\max} = \frac{N}{S} \leq R_{pc} = \frac{R_{ec}}{s}$

On calcule la contrainte dans le tube : $\sigma_{\max} = \frac{N}{S} = \frac{N}{\frac{\pi}{4}\left(D^2 - d^2\right)}$

Application numérique : $\sigma_{\max} = \frac{100000}{\frac{\pi}{4}\left(50^2 - 30^2\right)} = 79.57 MPa$

On calcule la contrainte pratique à la compression : $R_{pc} = \frac{R_{ec}}{s}$

Application numérique : $R_{pc} = \frac{240}{2} = 120 MPa$

On vérifier la résistance du tube : $\sigma_{\max} = 79.57 \leq 120$

Conclusion : La résistance du tube est vérifiée.

2. On calcule la longueur en charge :

On a : $\sigma = E \times \varepsilon = E \times \frac{\Delta l}{l_0}$ avec $l = l_0 - \Delta l = l_0 - \frac{\sigma l_0}{E} = l_0 \times (1 - \frac{\sigma}{E})$

Application numérique : $l = 100 \times (1 - \frac{79.57}{210000}) = 99.96\ mm$

Correction E.2

1. On calcule la contrainte axiale :

On a $\sigma = \frac{N}{S}$; Application numérique : $\sigma = \frac{100 \times 10^3}{20 \times 60} = 83.34 MPa$

2. On calcule l'allongement relatif :

On a $\varepsilon = \frac{\Delta l}{l_0}$; Application numérique : $\varepsilon = \frac{1.1}{2.5 \times 10^3} = 0.00044$

3. On calcule le module d'Young :

On a $E = \dfrac{\sigma}{\varepsilon}$; Application numérique : $E = \dfrac{83.34}{0.00044} = 189409\ MPa$

Correction E.3

1. On calcule l'allongement relatif.

On a $\varepsilon = \dfrac{F}{S \times E}$ A.N : $\varepsilon = \dfrac{50 \times 10^3}{210 \times 10^3 \times 100} = 2.38 \times 10^{-3}$

2. On calcule la variation de volume.

On a : $V_0 = S_0 \times l_0$ et $V = S \times l$

Alors : $\Delta V = V - V_0$

On calcule alors S :

On a :

$$S = \frac{\pi}{4} D^2 = \frac{\pi}{4}(D_0 - \Delta D)^2 = \frac{\pi}{4} D_0^2 (1 - \varepsilon_D)^2 = S_0 (1 - \nu \varepsilon_L)^2$$

D'où : $S = S_0 \times (1 - \nu\varepsilon)^2$

On calcule l : on a $l = l_0 + \Delta l = l_0 \times (1 + \dfrac{\Delta l}{l_0})$

D'où : $l = l_0 \times (1 + \varepsilon)$

Application numérique :

$$S = 150 \times (1 - 0.25 \times 0.00238)^2 = 149.8275 mm^2$$

$$l = 100 \times (1 + 0.00238) = 100.238 mm$$

Donc, la variation de volume est : $\Delta V = 17.81 mm^3$

Correction E.4

On a la condition de résistance du câble est : $\sigma_{\max} = \dfrac{N}{S} \leq R_{pe} = \dfrac{R_e}{s}$

La section totale du câble est : $S = \left(8 \times n \times \dfrac{\pi d_f^2}{4} \right)$

Avec *n* est le nombre de fils, d_f diamètre de fil et *8* le nombre de torons.

$$\text{Alors : } \frac{N}{\left(8\times n\times\frac{\pi d_f^2}{4}\right)}\leq\frac{R_e}{s} \text{ d'où } \frac{N}{\left(8\times\frac{R_e}{s}\times\frac{\pi d_f^2}{4}\right)}\leq n$$

Application numérique : $\frac{15000}{\left(8\times\frac{380}{5}\times\frac{\pi\times1.2^2}{4}\right)}\leq n$ alors $21.81\leq n$

D'où le nombre minimal de fils dans un toron est : $n_{\min}=22$

Correction E.5

On a la Loi de Hooke est : $\sigma=E\times\varepsilon$ d'où $\frac{F}{S}=E\frac{\Delta l}{l_0}$

$$\text{Alors } \frac{F}{\left(\frac{\pi d^2}{4}\right)}=E\frac{\Delta l}{l_0} \text{ donc } l_0=E\times\frac{\Delta l}{F}\times\left(\frac{\pi d^2}{4}\right)$$

Donc, la longueur initiale est :

$$l_0=210\times10^3\times\frac{2.3}{12\times10^4}\left(\frac{\pi\times28^2}{4}\right)=2478.4\,mm$$

Correction E.6

1. On calcule la force de compression :

On a : $F=\sigma\times S$ d'où $F=\sigma\times\frac{\pi d^2}{4}$

Application numérique ; $F=50\times0.1\times\frac{\pi\times250^2}{4}=245437N$

2. On calcule le diamètre minimal de la tige :

On a la condition de résistance : $\sigma_{\max}=\frac{N}{S}\leq\sigma_{adm}$ d'où $\frac{N}{\sigma_{adm}}\leq S$

Alors $\frac{N}{\sigma_{adm}} \leq \frac{\pi d^2}{4} \rightarrow \sqrt{\frac{4 \times N}{\pi \times \sigma_{adm}}} \leq d$

Application numérique : $\sqrt{\frac{4 \times 245437}{\pi \times 120}} \leq d \rightarrow 51.03 \leq d$

Donc on peut prendre $d = 52mm$.

Correction E.7

On calcule la diminution de dimension latérale :

On a la Loi de Hooke : $\sigma = E \times \varepsilon \rightarrow \frac{F}{S} = E \times \varepsilon$ donc $\frac{F}{E \times S} = \varepsilon$

Et on a : $\varepsilon_d = \nu \times \varepsilon_L \rightarrow \varepsilon_d = \nu \times \frac{F}{E \times S}$

Avec $\varepsilon_d = \frac{\Delta a}{a}$ donc $\Delta a = a \times \nu \times \frac{F}{E \times S}$

Application numérique : $\Delta a = 40 \times 0.3 \times \frac{50 \times 10^4}{210000 \times 40^2} = 0.0178mm$

Correction E.8

1. On calcule l'allongement de la barre :

On a la Loi de Hooke : $\sigma = E \times \varepsilon \rightarrow \sigma = E \frac{\Delta l}{l_0}$ donc $\Delta l = l_0 \frac{\sigma}{E}$

Application numérique : $\Delta l = 4000 \frac{100}{70000} = 5.71mm$

2. On calcule la variation de température :

On a $\Delta l = \Delta T \times l_0 \times \alpha$ donc : $\Delta T = \frac{\Delta l}{l_0 \times \alpha}$

Application numérique : $\Delta T = \frac{5.71}{4000 \times 23.7 \times 10^6} = 60.32^{\circ}C$

Correction E.9

On a un problème plan et symétrique. Calculons la force dans chaque barre. Équilibre au nœud (A) figure 1.8 donne :

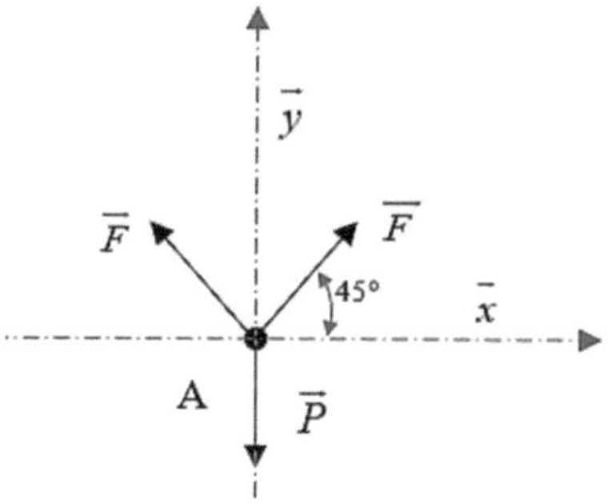

Fig 1.8 : Équilibre au nœud (A)

On a : $\sum \overrightarrow{F_{ex}} = \vec{0}$

Donne : $2 \times F \times \sin(45) = p = m \times g \rightarrow F = \dfrac{m \times g}{2 \times \sin(45)}$

On a la condition de résistance est : $\sigma_{\max} = \dfrac{F}{S} \leq \sigma_{adm}$

Donc : $\dfrac{F}{\sigma_{adm}} \leq S \rightarrow \dfrac{m \times g}{2 \times \sin(45) \times \sigma_{adm}} \leq S$

Application numérique : $\dfrac{10000 \times 10}{2 \times \sin(45) \times 200} \leq S \rightarrow 353.55 \leq S$

Donc : $S_{\min} = 353.55 mm^2$

Correction E.10

1. Calculons la force dans chaque barre. Problème n'est pas symétrique. Équilibre au nœud (D) figure 1.9 donne :

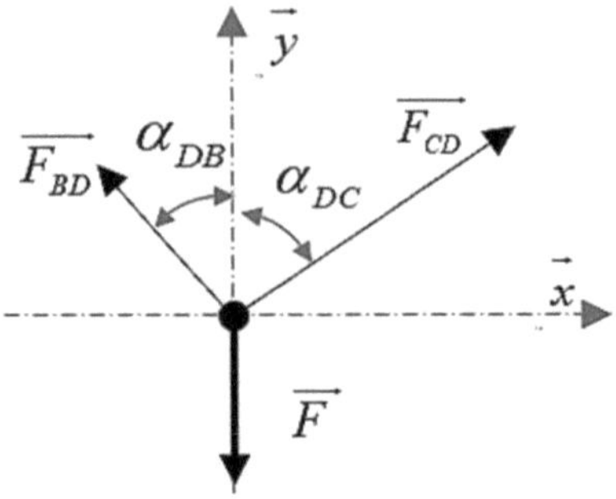

Fig 1.9 : Équilibre au nœud (D)

On a : $\sum \overrightarrow{F_{ex}} = \vec{0}$

Projection sur l'axe des y :

$$\sum F_y \rightarrow F_{BD} \times \cos(\alpha_{BD}) + F_{CD} \times \cos(\alpha_{CD}) = F \quad [1]$$

Projection sur l'axe des x :

$$\sum F_x \rightarrow F_{BD} \times \sin(\alpha_{BD}) - F_{CD} \sin(\alpha_{CD}) = 0 \quad [2]$$

L'équation : $[2] \rightarrow F_{BD} = F_{CD} \dfrac{\sin(\alpha_{CD})}{\sin(\alpha_{BD})}$

L'équation : $[1] \rightarrow F_{CD}\left(tg(\alpha_{CD})tg(\alpha_{BD}) + 1\right) = F$

Donc : $\rightarrow F_{CD} = \dfrac{F}{\left(tg(\alpha_{CD}) \times tg(\alpha_{BD}) + 1\right)}$

Application numérique :

$$F_{CD} = \frac{50000}{\left(\frac{1500}{1500} \times \frac{2500}{1500} + 1\right)} = 18750N$$

$$F_{BD} = 18750 \times \frac{\frac{2500}{\sqrt{2500^2 + 1500^2}}}{\frac{1500}{\sqrt{1500^2 + 1500^2}}} = 22737.7N$$

2. On calcule les déplacements dans chaque barre.

Dans la barre BD, on a : $\Delta l_{BD} = l_{BD} \times \frac{F_{BD}}{S_{BD}E}$

Dans la barre CD, on a : $\Delta l_{CD} = l_{CD} \times \frac{F_{CD}}{S_{CD}E}$

Application numérique :

$$\Delta l_{BD} = \sqrt{2} \times 1500 \frac{22737.7}{250 \times 210000} = 0.91874mm$$

$$\Delta l_{CD} = \sqrt{2500^2 + 1500^2} \times \frac{18750}{400 \times 210000} = 0.6507mm$$

3. Le déplacement vertical du point D figure 1.10 :

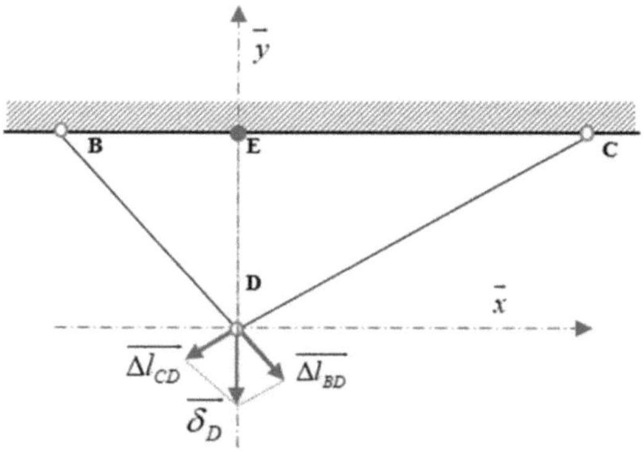

Fig 1.10 : Déplacement du point D

Le déplacement du point D est vertical lorsque :

$$\overrightarrow{\delta_D} \times \vec{x} = 0 \text{ Avec } \overrightarrow{\delta_D} = \overrightarrow{\Delta l_{BD}} + \overrightarrow{\Delta l_{CD}}$$

On a :

$$\overrightarrow{\delta_D} = \begin{pmatrix} -\Delta l_{CD}\sin(\alpha_{CD}) + \Delta l_{BD}\sin(\alpha_{BD}) \\ \Delta l_{CD}\cos(\alpha_{CD}) + \Delta l_{BD}\cos(\alpha_{BD}) \end{pmatrix}$$

$\overrightarrow{\delta_D} \times \vec{x} = 0$, donne : $-\Delta l_{CD}\sin(\alpha_{CD}) + \Delta l_{BD}\sin(\alpha_{BD}) = 0$

Donc :

$$\Delta l_{BD} = \Delta l_{CD}\frac{\sin(\alpha_{CD})}{\sin(\alpha_{BD})}$$

Soit : $\mu = \dfrac{\sin(\alpha_{CD})}{\sin(\alpha_{BD})}$ d'où : $\Delta l_{BD} = \Delta l_{CD} \times \mu$

Calculons S_{BD} :

On a :

$$l_{BD} \times \frac{F_{BD}}{S_{BD} \times E} = l_{CD} \times \frac{F_{CD} \times \mu}{S_{CD} \times E} \rightarrow S_{BD} = l_{BD} \times \frac{F_{BD} \times S_{CD} \times \mu}{l_{CD} \times F_{CD}}$$

Application numérique :

$$S_{BD} = \left(\frac{\sqrt{2} \times 1500}{\sqrt{2500^2 + 1500^2}}\right)^2 \times \frac{2500}{1500} \times \frac{22737.7}{18750} \times 400 = 302.644mm^2$$

4. On calcule la descente du point D figure 1.11.

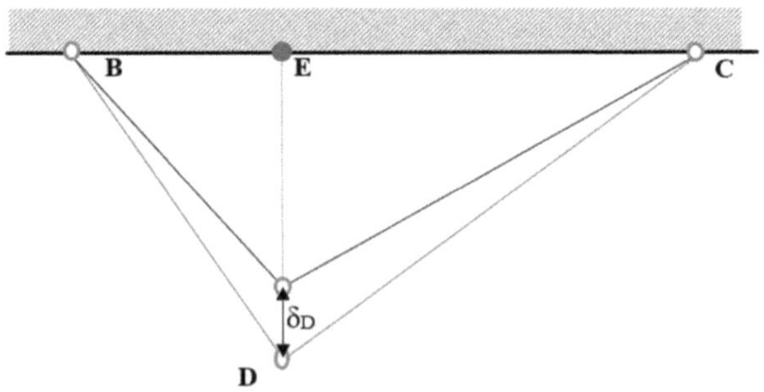

Fig 1.11 : Descente du point D

On a le triangle (B, E, D) est rectangle en E.

Donc, on peut écrire : $BD^2 = BE^2 + ED^2$

On a : $BD = \sqrt{2} \times 1500 + \Delta l_{BD}$, $ED = 1500 + \delta_D$ et $BE = 1500$

Donc, on peut écrire :

$$\left(\sqrt{2} \times 1500 + \Delta l_{BD}\right)^2 = \left(1500 + \delta_D\right)^2 + 1500^2$$

Alors, le déplacement du point D est :

$$\delta_D = \sqrt{\left(\sqrt{2} \times 1500 + \Delta l_{BD}\right)^2 - 1500^2} - 1500$$

Application numérique :

$$\delta_D = \sqrt{\left(\sqrt{2} \times 1500 + 0.6507\right)^2 - 1500^2} - 1500 = 0.92mm$$

Correction E.11

Étude statique : on calcule les efforts dans chaque barre. Équilibre du point O figure 1.12 :

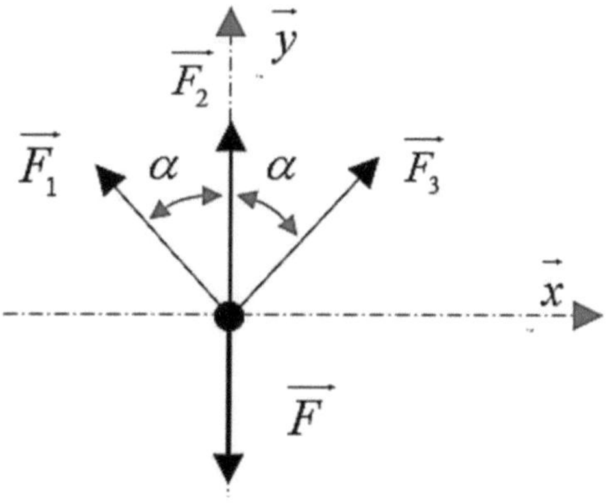

Fig 1.12: Équilibre du point O

La condition d'équilibre s'écrit : $\vec{F_1}+\vec{F_2}+\vec{F_3}+\vec{F}=\vec{0}$

Projection sur l'axe des x et des y :

$$F_1 \sin(\alpha) - F_3 \sin(\alpha) = 0 \quad (1)$$

$$F_1 \cos(\alpha) + F_3 \cos(\alpha) + F_2 - F = 0 \quad (2)$$

L'équation (1) donne : $F_1 = F_3$

D'où l'équation (2) devient :

$$2F_1 \cos(\alpha) + F_2 - F = 0 \quad (2.1)$$

Nous avons une équation à deux inconnues, il s'agit d'un système hyperstatique d'ordre 1, il nous manque une équation pour pouvoir résoudre. On propose deux méthodes de résolution.

1re méthode :

Le système étant parfaitement symétrique, il est évident ici que le point O va se déplacer suivant la verticale. De plus le fait d'avoir des déformations très faibles devant les longueurs initiales nous permet de simplifier et d'assimiler les arcs de cercle à leurs tangentes, comme le montre la figure 1.13.

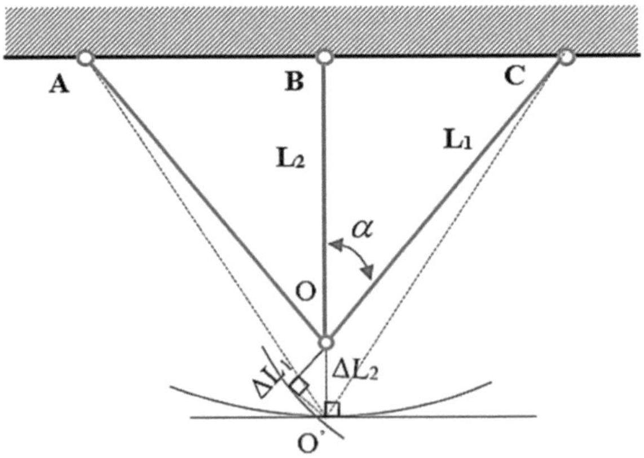

Fig 1.13 : Déplacement du point O

Ceci nous permet de trouver l'équation de déformation complémentaire :

$$\Delta l_1 = \Delta l_2 \cos(\alpha) \quad (3)$$

Dans le domaine élastique, on a :

$$\Delta l_i = l_i \frac{F_i}{S_i E}$$

Donc l'équation (3) devient :

$$l_1 \times \frac{F_1}{SE} = l_2 \times \frac{F_2}{SE} \cos(\alpha) \quad (3.1)$$

Avec E et S constants : $\rightarrow l_1 \times F_1 = l_2 \times F_2 \times \cos(\alpha)$

On a aussi : $l_2 = l_1 \times \cos(\alpha)$

Donc l'équation (3,1) devient : $F_1 = F_2 \times \cos(\alpha)^2$ (3.2)

Donc, avec l'équation (2,1) et (3,2), on peut écrire :

$$F_2 = \frac{F}{1 + 2\cos(\alpha)^3} \quad \text{et} \quad F_1 = F_3 = \frac{F\cos(\alpha)^2}{1 + 2\cos(\alpha)^3}$$

D'où l'expression des déformations :

$$\Delta l_1 = \Delta l_3 = \left(\frac{l_1}{SE}\right) \times \left(\frac{F\cos(\alpha)^2}{1 + 2\cos(\alpha)^3}\right)$$

$$\Delta l_2 = \left(\frac{l_2}{SE}\right) \times \left(\frac{F}{1 + 2\cos(\alpha)^3}\right)$$

2e méthode :

On peut retrouver l'équation (3) en reliant directement entre les déplacements des éléments constituant le système étudié (déplacement compatible avec les liaisons).

Le système figure 1.14 étant parfaitement symétrique, il est évident ici que le point O va se déplacer suivant la verticale.

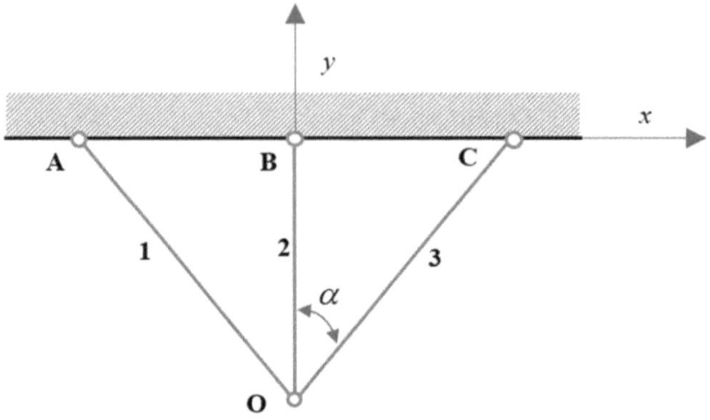

Fig 1.14 : Système symétrique

On peut donc écrire simplement : $\overrightarrow{BO} = \overrightarrow{BC} + \overrightarrow{CO}$

On projette cette relation vectorielle sur les axes des x et des y, on obtient :

$$\begin{vmatrix} 0 \\ -l_2 \end{vmatrix} = \begin{vmatrix} Cte \\ 0 \end{vmatrix} + \begin{vmatrix} -l_1 \sin(\alpha) \\ -l_1 \cos(\alpha) \end{vmatrix}$$

Différentions les deux relations ainsi obtenues :

$$0 = -dl_1 \sin(\alpha) - l_1 \cos(\alpha) d\alpha$$
$$-dl_2 = -dl_1 \cos(\alpha) + l_1 \sin(\alpha) d\alpha$$

Soit :

$$-dl_2 \cos(\alpha) = -dl_1 \sin(\alpha)^2 - dl_1 \cos(\alpha)^2$$

C'est-à-dire : $dl_1 = dl_2 \cos(\alpha) \rightarrow \Delta l_1 = \Delta l_2 \cos(\alpha)$

Identique à l'équation (3) que nous avons trouvée dans la première méthode.

Remarque :

Ici le système étudié est parfaitement symétrique et on sait donc que le point O va se déplacer suivant l'axe des y ce qui ne nécessite pas de paramétrage angulaire $d\alpha_2$ pour la barre BO.

Attention, ce n'est pas toujours le cas si nous avions eu le même système, mais avec des barres de section défirent ou de module d'élasticité défirent. Le point O ne se déplace pas suivant l'axe des y, le système n'est plus symétrique.

Correction E.12

1. On calcule l'effort presseur, on considère que la section du couvercle est plane :

$$F \approx P \times S = P \times \frac{\pi d^2}{4}$$

Application numérique : $F = 10 \times 0.1 \times \frac{\pi \times 250^2}{4} = 49062.5N$

2. Le noyau de la vis est considéré comme un cylindre imaginaire, de diamètre d_0 tangent à la base des filets pour un filetage à profil triangulaire ISO.

$$d_o = d - 1.25 \times Pas$$

Écrivons l'expression de la contrainte de traction dans le noyau :

$$\sigma = \frac{F_0}{S_0} = \frac{4 \times F_0}{\pi \times d_0^2}$$

Du fait de la concentration de contrainte, la condition de résistance s'écrit :

$$\sigma_{max} = k_t \times \frac{4 \times F_0}{\pi \times d_0^2} \leq R_{pe} \quad \text{Avec } R_{pe} = 0.5 \times R_e$$

On a des vis de qualité 8,8 donne :

$$R_e = 8 \times 8 \times 10 = 640MPa$$

$$R_m = 8 \times 100 = 800MPa$$ (Le premier nombre $\times 100$)

La condition de résistance devient :

$$k_t \times \frac{4 \times F_0}{\pi \times (d - 1.25 \times Pas)^2} \leq 0.5 \times R_e$$

Donc l'effort maximal que doit supporter une vis est :

$$F_0 \leq 0.5 \times R_e \times \frac{\pi \times (d - 1.25 \times Pas)^2}{4 \times k_t}$$

Application numérique :

$$F_0 \leq 0.5 \times 640 \times \frac{\pi \times (12 - 1.25 \times 1.75)^2}{4 \times 2.5} = 9679.64N$$

On peut prendre alors : $F_{0/\max} = 9679.64N$

Donc, le nombre de vis nécessaire est :

$$n \geq \frac{F}{F_{0/\max}}$$

Application numérique : $n \geq 5.068$

Donc, le nombre de vis minimale est de *6*.

Correction E.13

1. Vérification de la section au niveau du filetage.

On calcule la contrainte au niveau du filetage :

Le noyau de la vis est considéré comme un cylindre imaginaire, de diamètre d_0 tangent à la base des filets pour un filetage à profil triangulaire ISO : $d_o = d - 1.25 \times Pas$

Écrivons l'expression de la contrainte de traction dans le noyau :

$$\sigma = \frac{F_0}{S_0} = \frac{4 \times F}{\pi \times d_0^2}$$

Du fait de la concentration de contrainte, la condition de résistance s'écrit :

$$\sigma_{\max} = k_t \times \frac{4 \times F}{\pi \times d_0^2} \leq R_{pe}$$

Application numérique : $d_0 = 25 - 1.25 \times 2.5 = 21.875mm$

On vérifie la condition de résistance :

$$\sigma_{\max} \leq R_{pe} \rightarrow \sigma_{\max} = 399.12 \leq 420$$

On conclut que la section au niveau de filetage est vérifiée.

2. Vérification de la section au niveau du congé.

On calcule la contrainte au niveau du congé de rayon R_2 :

On a la contrainte est : $\sigma_{\max} = k_t \times \dfrac{4 \times F}{\pi \times d_2{}^2}$

On se référera aux abaques aux figures de L'Annexe 1 pour calculer (k_t).

On a : $t = 7.5mm, \dfrac{R_2}{t} = \dfrac{3}{7.5} = 0.4, \dfrac{d}{D} = \dfrac{25}{40} = 0.625$

Le coefficient de concentration de contrainte d'après l'abaque : $k_t \approx 2.2$

On vérifie la condition de résistance :

$$\sigma_{\max} \leq R_{pe} \rightarrow \sigma_{\max} = 268.9 \leq 420$$

On conclut que la section au niveau du congé est vérifiée.

3. Vérification de la section au niveau de la gorge.

On calcule de la contrainte au niveau de la gorge de rayon R_1 :

On a : $\sigma_{\max} = k_t \times \dfrac{4 \times F}{\pi \times d^2}$

On se référera aux abaques (aux figures de L'Annexe 1) pour calculer (k_t).

On a : $d = D - 2 \times R_1 = 28mm,\ t = R_1 = 6mm, \dfrac{R_1}{t} = 1, \dfrac{d}{D} = 0.625$

Le coefficient de concentration de contrainte d'après l'abaque :

$$k_t \approx 1.6$$

On vérifie la condition de résistance : $\sigma_{\max} \leq R_{pe} \rightarrow \sigma_{\max} = 155.9 \leq 420$

On conclut que la section au niveau de la gorge est vérifiée.

Conclusion

On constate que la résistance de la tige du vérin est vérifiée et que la zone filetée est la plus sollicitée avec une contrainte : $\sigma_{\max} = 399.12\,MPa.$

Correction E.14

Pour calculer l'épaisseur des tuyaux, on doit calculer la contrainte transversale :

$$\sigma_{II} = \frac{p \times D}{2 \times e}$$

On a la condition de résistance : $\sigma_{II} \leq \sigma_{adm}$

D'où $\dfrac{P \times D}{2 \times e} \leq \sigma_{adm}$ alors $e \geq \dfrac{P \times D}{2 \times \sigma_{adm}}$

Application numérique :

$$e \geq \frac{(4+2) \times 0.1 \times 200}{2 \times 12} \rightarrow e \geq 5\,mm$$

Donc l'épaisseur minimale est de *5 mm.*

Correction E.15

Pour calculer l'épaisseur, on doit calculer :

La contrainte longitudinale :

$$\sigma_{I} = \frac{p \times D}{4 \times e}$$

Et la Contrainte transversale :

$$\sigma_{II} = \frac{p \times D}{2 \times e}$$

On a la condition de résistance :

$$\sigma_{\max} = \sigma_{II} \leq \sigma_{adm}$$

D'où :

$$\frac{p \times D}{2 \times e} \leq \frac{R_e}{s} \rightarrow e \geq \frac{p \times D}{2 \times \frac{R_e}{s}}$$

Application numérique :

$$e \geq \frac{1.7 \times 1000}{2 \times \frac{295}{2}} \rightarrow e \geq 5.76\, mm$$

Donc l'épaisseur minimale est de *5,76 mm.*

Remarque : Le calcul des réservoirs pressurisés est soumis à une réglementation européenne qui n'apparaît pas dans les calculs précédents, le code français de construction des appareils à pression non soumis à l'action de flamme donne une relation plus affinée qui tient compte de paramètres liés aux techniques de fabrication et aux contraintes de service.

L'épaisseur minimale nécessaire d'une enveloppe cylindrique d'épaisseur uniforme est donnée par la formule :

$$e = \frac{P \times D_e}{2 \times f \times z + P}$$

Avec :

- P : est la pression intérieure,
- D_e : est le diamètre extérieur,
- f : est la contrainte nominale de calcul,
- z : est le coefficient de soudure ($z = 0,85$)

Correction E.16

Après représentation de la tige et l'étude statique, nous obtenons les résultats suivants :

1. Contrainte normale d'extension figure 1.15 (σ_z).

Fig 1.15 : Contrainte normale d'extension

2. La valeur de la contrainte normale maximale et sa position dans la figure 1.16.

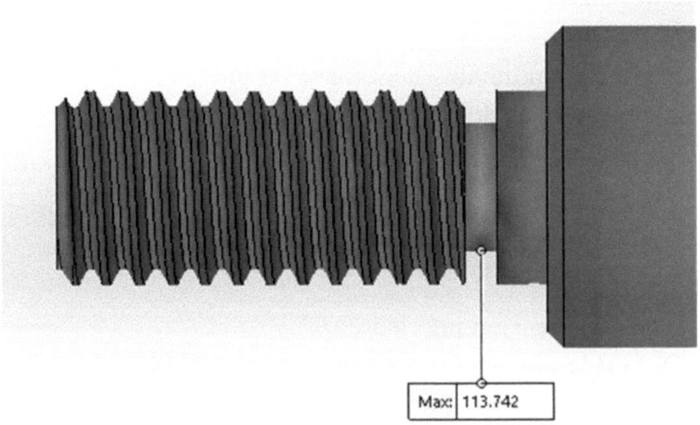

Fig 1.16 : Contrainte normale maximale

La contrainte d'extension maximale est : $\sigma_Z \approx 113.7 MPa$ au niveau de la gorge d'épaisseur *2 mm* et de diamètre *8 mm*.

3. Vérification de la résistance en extension de la tige.

On a : $\sigma_{\max} \approx 113.7 MPa$ et $R_e \approx 621 MPa$

Donc, on peut conclure que la tige peut supporter cette charge en toute sécurité, on dispose d'un coefficient de sécurité de :

$$s = \frac{R_e}{\sigma_{\max}} = \frac{621}{113.7} \approx 5.4$$

4. Interprétation des résultats.

Dans notre cas d'étude statique, on peut prévoir que la section au niveau de la gorge est la plus sollicitée : Elle est la section la plus faible et on a la présence du phénomène de concentration de contrainte, d'où la contrainte au niveau de cette gorge est :

$$\sigma_{\max} = K_t \times \frac{F}{\frac{\pi \times d^2}{4}}$$

Avec K_t est le coefficient de concentration de contrainte.

Application numérique :

$$\sigma_{\max} = K_t \times \frac{3000}{\frac{\pi \times 8^2}{4}} = K_t \times 59.68 \text{ qui donne : } K_t \approx \frac{113.7}{59.68} = 1.9$$

Chapitre 2
Flexion plane simple & Flexion déviée

Dans cette partie, la série d'exercices concerne les calculs de vérification de la résistance vis-à-vis des contraintes normales de flexion plane simple et flexion déviée. Dans ces exercices, on utilise le torseur de cohésion, l'équation de déformée et le théorème de Castigliano pour le calcul de dimensionnement et de déformation. On y traite les problèmes des poutres et les arbres de transmission aussi les poutres avec concentration de contrainte.

1. Formules & Notes de cours

- Contrainte normale :

$$\sigma_{Maxi} = \frac{M_{f\,Maxi}}{\left(\frac{I_{Gz}}{v}\right)} \quad ; \quad Y_{\max} = v$$

- Concentration de contraintes :

$$\sigma_{Maxi} = k_f \frac{M_{f\,Maxi}}{\left(\frac{I_z}{v}\right)}$$

- Condition de résistance :

$$\sigma_{Maxi} \leq R_{pe}$$

- Équation de déformée :

$$EI_{Gz}.\ddot{y} = -M_f$$

- L'Énergie élastique linéique dans la poutre (on néglige les énergies dues à l'effort tranchant)

$$W_e = \frac{1}{2}\int_0^L \left(\frac{M_f^2}{EI_{Gz}} \right) dx = \frac{1}{2EI_{Gz}} \int_0^L \left(M_f^2 \right) dx$$

- Théorème de **Castigliano**

Soit une poutre élastique chargée par un ensemble de forces extérieures, en équilibre dans un repère galiléen. La dérivée de l'énergie élastique par rapport à l'intensité de l'effort $\vec{F}_K$ est égale à la projection δ_K du déplacement du point d'application de $\vec{F}_K$ sur sa droite d'action.

$$\frac{dW_e}{dF_K} = \delta_K$$

On a de même pour un couple : La dérivée de l'énergie élastique par rapport à l'intensité du couple $\vec{M}_K$ est égale à la projection θ_K de la rotation du point d'application de $\vec{M}_K$ sur son axe.

$$\frac{dW_e}{dM_K} = \theta_K$$

- Flexion déviée
  - Contrainte :

$$\sigma_A = \frac{M_{fy}}{I_{GY}} \times Z_A - \frac{M_{fz}}{I_{GZ}} \times Y_A$$

  - **y_A** et **z_A** coordonnées de **A** dans **(G, y, z)**
  - $M_{fy} = M_f sin(\theta)$ et $M_{fz} = M_f \cos(\theta)$ sont les projections du moment fléchissant ($\overrightarrow{M_f}$) sur les axes **y** et **z**.

  - Plan neutre ou axe neutre :

$$\tan(\alpha) = \tan(\theta)\left(\frac{I_{GZ}}{I_{GY}} \right)$$

2. Exercices

Exercice F.1 : Poutre appuyer-articuler soumis à une charge répartie

On considère une poutre rectangulaire dont le modèle est donné sur la figure 2.1, la hauteur de la barre est de $h = 6\ cm$, sa largeur $e = 2\ cm$ et de longueur $12\ m$.

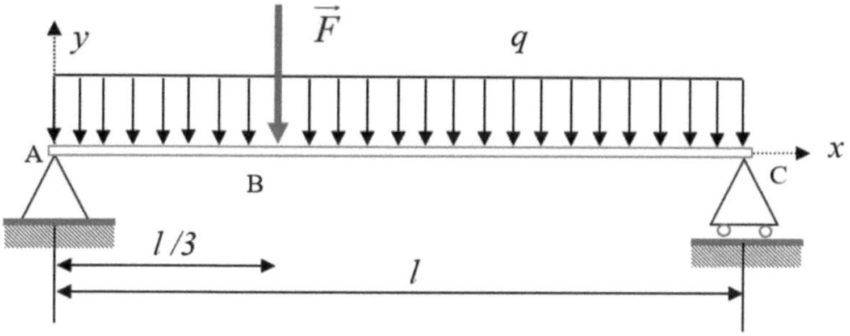

Fig 2.1 : Modèle de la poutre

On donne : $F = 600\ N$ & $q = 12\ N/m$

- ***Hypothèse*** :
  - Problème plan.
  - Géométrie parfaite.

1. Isoler la poutre et représenter les actions mécaniques. Appliquer le **PFS** et en déduire les inconnues des liaisons.
2. Déterminer le torseur des efforts intérieurs. Tracer les diagrammes correspondants. En déduire la valeur maximale du moment fléchissant.
3. Calculer la valeur de la contrainte de flexion maximale, en déduire la valeur du coefficient de sécurité adopté si le matériau utilisé a pour limite élastique $R_e = 620\ MPa$.
4. Pour faire passer un câble de fixation, on ajoute à la barre une entaille en $l/3$. les dimensions de l'entaille sont données dans la figure 2.2.

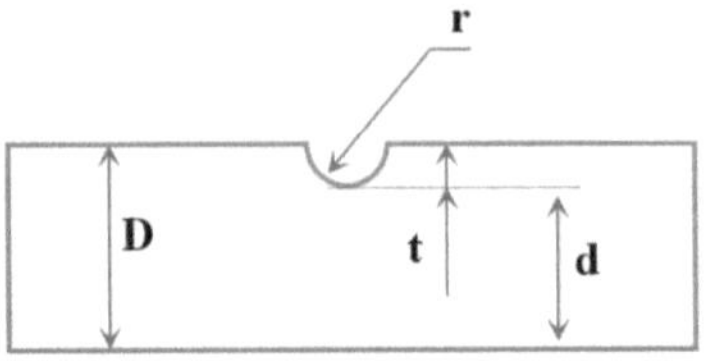

Fig 2.2 : Caractéristique de l'entaille : $r = 2\ mm$, $t = 6\ mm$

On peut calculer la valeur du coefficient de concentration de contrainte associée à cette entaille en flexion à partir des formules suivantes :

$$k_f = \frac{1}{\sqrt{\dfrac{1}{(0.684 \times k_p)^2} + \dfrac{1}{(1.622 \times k_q)^2}}} + 1$$

$$k_p = \sqrt{\frac{t}{r} \times \frac{(d/D)}{1-(d/D)} + 1} - 1 \,;\, k_q = \frac{1}{\sqrt{r/t}}$$

Calculer la valeur du coefficient de concentration de contrainte et vérifier la résistance de la poutre si on adopte un coefficient de sécurité de 2.

Exercice F.2 : Détermination de module d'Young à partir d'un essai de flexion

L'objectif de cet exercice est de déterminer le module d'élasticité d'une barre à section constante à partir d'un essai de flexion. La poutre est appuyée à ses deux extrémités et soumise à une force de flexion par un dispositif d'application de force, comme le montre la figure suivante, au milieu, on a placé un comparateur pour mesurer le déplacement de la poutre.

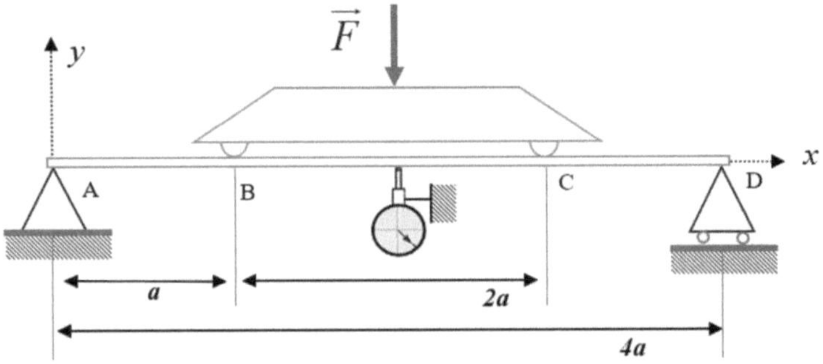

Fig 2.3 : Modèle de la poutre en essai

La force F est appliquée exactement à mi-distance des appuis.

1. Isoler la poutre et déterminer les actions aux appuis.

2. Déterminer l'expression du moment fléchissant le long de la poutre.

3. Déterminer l'expression de la flèche au milieu de la poutre.

4. Pour cet essai on se sert d'une barre rectangulaire de caractéristique :

$$I_{GZ} = \ 1054.6875mm^4, \quad a = 100mm$$

Une force appliquée de valeur $F = 500N$ donne une flèche de $y = 2.257mm$

Calculer le module d'élasticité correspondant de matériau de la barre.

Exercice F.3 : Calcul de déformation à partir de théorème de Castigliano

On considère une poutre encastrée en A de longueur *L* soumise à un effort concentré *F* au point *B*.

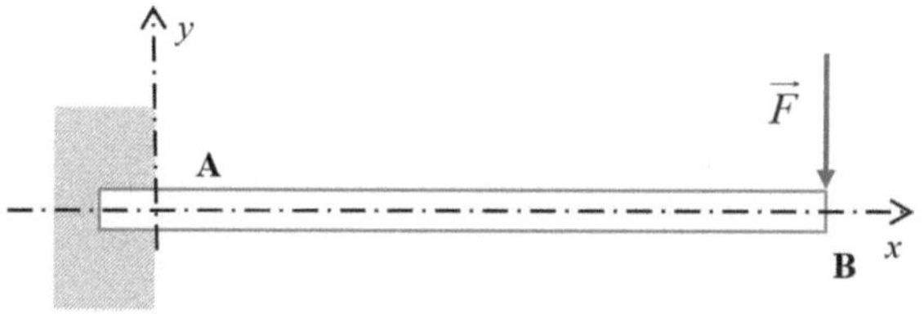

Fig 2.4 : Modèle de la poutre

On désire calculer la flèche maximale en utilisant la méthode de la déformée et la méthode énergétique.

1. Isoler la poutre et représenter les actions mécaniques.

2. Appliquer le PFS : et en déduire les inconnues de liaison.

3. Calculer l'équation de la déformée et en déduire la flèche maximale en B.

4. Calculer l'énergie élastique linéique dans la poutre si on néglige les énergies dues à l'effort tranchant et en déduire la flèche maximale en B en appliquant le théorème de Castigliano.

Exercice F.4 : Vérification des rotulages des roulements

Un arbre de transmission (2) est guidé en rotation dans le bâti (1) par deux roulements modélisés dans le schéma suivant. Cet arbre est soumis à une charge radiale en (B). L'objectif de cet exercice est de vérifier le rotulage des roulements qui est ici de 8 minutes d'angle et de vérifier si l'arbre en rotation n'est pas dans une zone critique de vibration il est nécessaire de déterminer la flèche maximale y_{max} et sa position x_m.

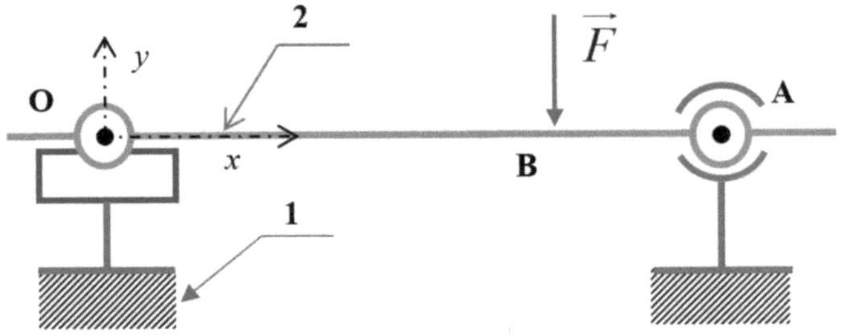

Fig 2.5 : Modèle de l'arbre (2), $OB = 3l/4, OA = l.$

Le roulement en O est modélisé par une liaison linéaire annulaire et celui en A par une liaison rotule.

1. Préciser la forme des torseurs des actions de liaison en A et O.
2. Isoler l'arbre et écrire le système d'équations résultant de l'application du principe fondamental de la statique.
3. Calculer les inconnues de liaison.
4. Déterminer en fonction de F et de x, l'expression des moments fléchissant le long de l'arbre (2).
5. Déterminer l'expression de la déformée de l'arbre.
6. Calculer les pentes en O et A et vérifier que les roulements fonctionnent bien dans leur domaine (*L = 200 mm*, diamètre de l'arbre *30 mm*, $E = 2{,}10^5$ *MPa*, *F= 800N*)
7. Déterminer la flèche maximale y_{max} et sa position x_m.

Exercice F.5 : Étude de flexion déviée sur une poutre symétrique

Un profilé IPN-*200* figure 2.6 supporte un moment fléchissant M_f de *5 000 Nm*, dont la direction est inclinée de *30°* par rapport à l'axe (z).

Déterminer les contraintes en A, B, C et D et les contraintes maximales dans la section.

On donne :

$$I_{GZ} = 2140\ cm^4$$

$$I_{GY} = 117\ cm^4$$

Coordonnées des points A, B, C et D dans le système d'axe (G, y, z) (mm) :

$$A\begin{pmatrix}100\\-45\end{pmatrix};B\begin{pmatrix}-100\\45\end{pmatrix};C\begin{pmatrix}-100\\-45\end{pmatrix};D\begin{pmatrix}100\\45\end{pmatrix}$$

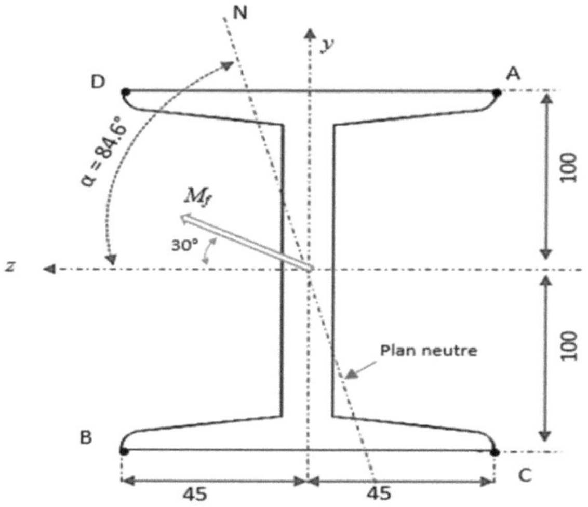

Fig 2.6: Modèle de la poutre

Exercice F.6 : Étude de flexion déviée sur une poutre non symétrique

Une cornière à ailes inégales 150×100×10 figure 2.7 supporte un moment fléchissant M_f de *2 000 Nm* dans la direction (z). Déterminons les contraintes aux points A, B et C.

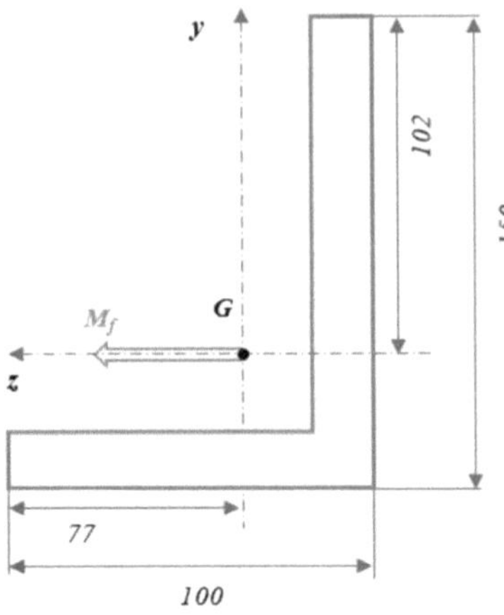

Fig 2.7 : Modèle de la poutre

Les axes principaux d'inertie de la section **V** et **U** sont indiqués dans la figure 2.8 suivante :

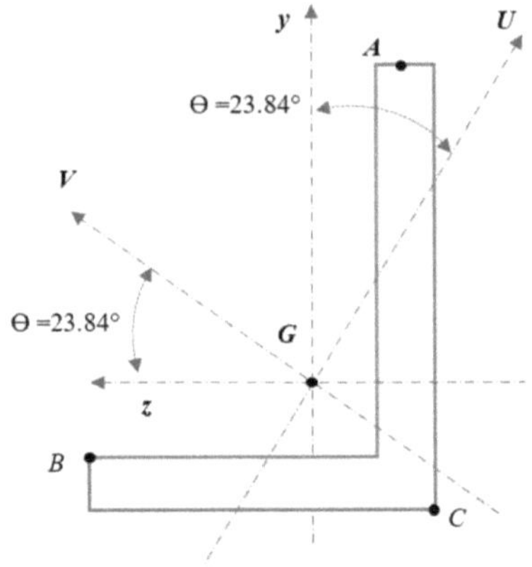

Fig 2.8: Axes principaux de la section

Les moments d'inertie du profilé :

$$I_{GZ} = 552\ cm^4;\quad I_{GY} = 198\ cm^4;$$

$$I_{GU} = 113\ cm^4;\quad I_{GV} = 637\ cm^4;$$

Coordonnées des points **A, B, C** dans le système d'axes **(G, U, V)** :

$$A\begin{pmatrix}26.8\\103\end{pmatrix}_{(v,u)};\quad B\begin{pmatrix}52.5\\-75\end{pmatrix}_{(v,u)};\quad C\begin{pmatrix}-41\\-34\end{pmatrix}_{(v,u)};$$

Exercice F.7 : Vérification de la résistance d'une raille par simulation

L'objectif de cet exercice est de vérifier la résistance d'une raille de maintien d'un palan électrique dans un atelier d'assemblage de machine. Cette raille supporte une charge maximale de 5000 N qui peut se déplacer le long de cette raille. On va la vérifier en deux positions, lorsque la charge est au milieu et à l'extrémité, comme le montre la figure 2.9 suivante.

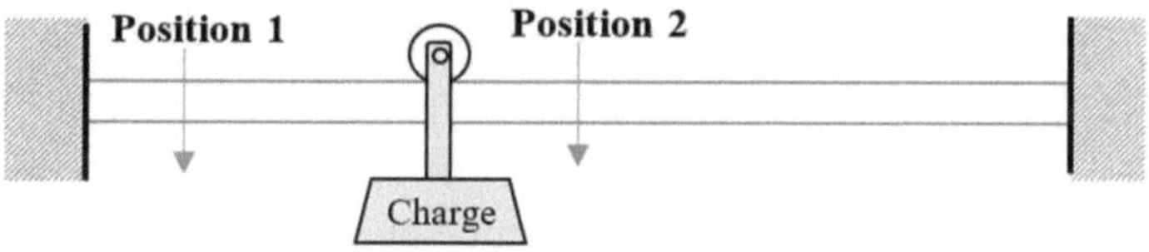

Fig 2.9: Palan électrique

La raille présente des rainures pour les butées de fin de course et pour les capteurs de position, les dimensions de la raille sont donnée dans la figure 2.10 suivante : (les dimensions sont en *mm*)

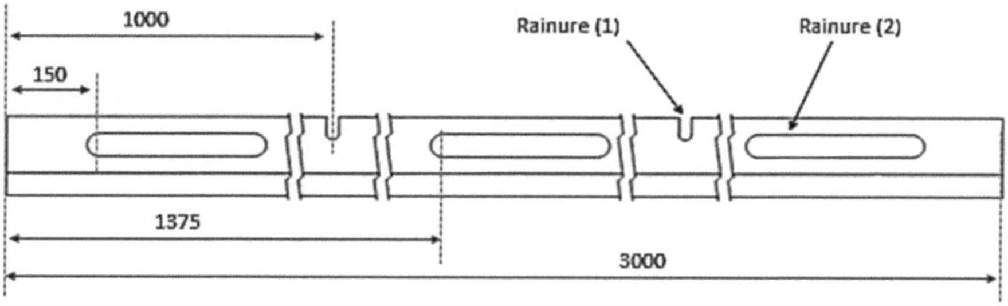

Fig 2.10 : Modèle de la raille

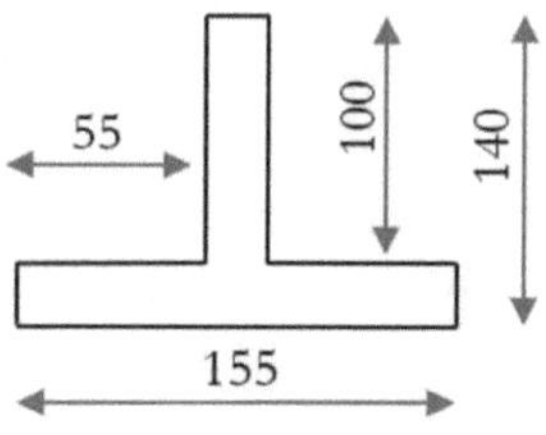

Fig 2.11 : Section de la raille

Rainure (1) ×2 : longueur : *40 mm*, largeur *20 mm*.
Rainure (2) ×3 : longueur : *250 mm*, largeur *40 mm*.

Pour vérifier la raille, on va réaliser une simulation sur SOLIDWORKS.

Les étapes de la simulation :

1) Représenter la raille sur SOLIDEWORKS.
2) Appliquer un matériau pour la raille (**Acier allié**)
3) Vérifier que la masse doit être *219 955 g*.
4) Sélectionner l'onglet « SIMULATION » puis « nouvelle étude » après « étude de type statique », « Statique 1 ».
5) Sélectionner déplacements internes, géométrie fixe : sélectionner les deux faces de l'extrémité de la raille.
6) Cliquer sur chargements externes puis force : mettre une valeur de *5000 N* dans la position (1) à *200 mm* de l'extrémité.
7) Cliquer sur chargements externes puis gravité.
8) Sélectionner maillage puis densité de maillage fin.
9) Enfin, exécuter cette étude.
10) Sélectionner l'onglet « SIMULATION » de nouveau puis « nouvelle étude » après « étude de type statique », « Statique 2 ».
11) Sélectionner déplacements internes, géométrie fixe : sélectionner les deux faces de l'extrémité de la raille.
12) Cliquer sur chargements externes puis force : mettre une valeur de *5000 N* dans la position (2) à *1500 mm* de l'extrémité.
13) Cliquer sur chargements externes puis gravité.
14) Sélectionner maillage puis densité de maillage fin.
15) Enfin, exécuter cette étude.

Interprétation des résultats :

1. Afficher les résultats de la contrainte normale pour les deux cas d'étude statique, en déduire la valeur de la contrainte normale maximale et sa position.

2. Conclure sur l'influence des rainures sur la contrainte.

3. Afficher les résultats du déplacement dans les deux cas d'étude statique, en déduire la valeur maximale.

4. Conclure.

3. Corrections

Correction F.1 :

1. On isole la poutre et on représente les actions mécaniques dans la figure 2.12.

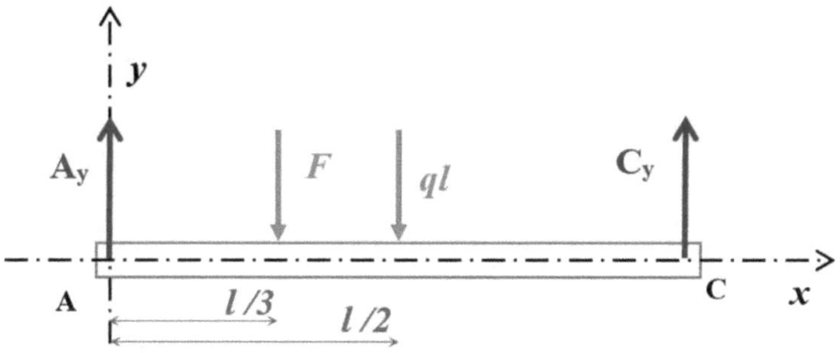

Fig 2.12 : Actions mécaniques sur la poutre

On applique le PFS :

$$\sum F_y = 0 \quad \rightarrow A_y + C_y - F - ql = 0 \qquad [1]$$

$$\sum M_{/A} = 0 \rightarrow -\frac{l}{3}F - \frac{l^2}{2}q + l \times C_y = 0 \quad [2]$$

Donne :

$$[2] \rightarrow \quad C_y = \frac{F}{3} + \frac{l}{2} \times q$$

$$[1] \rightarrow \quad A_y = \frac{2 \times F}{3} + \frac{l}{2} \times q$$

Application numérique :

$$C_y = 272N$$

$$A_y = 472N$$

2. Torseur de cohésion :

On découpe notre poutre en deux tronçons :

Tronçon [AB [, pour : $0 \leq x \leq l/3$

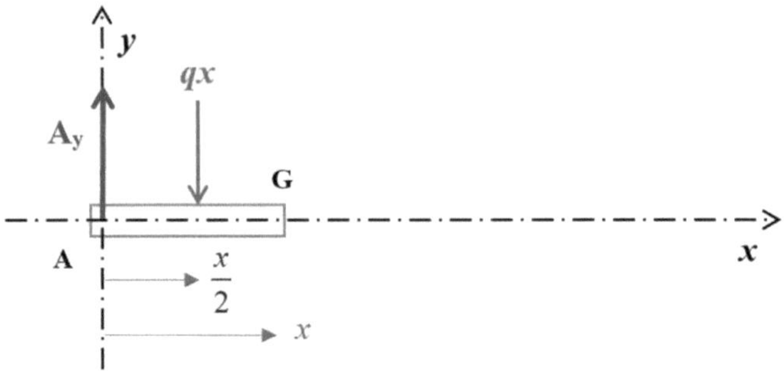

Fig 2.13 : Tronçon [AB[

Calculons le torseur de cohésion 1 :
On a :

$$\{\tau_{coh1}\}_G = -\left\{\begin{matrix} 0 \\ A_y - qx \\ 0 \end{matrix} \middle| \begin{pmatrix} -x \\ 0 \\ 0 \end{pmatrix} \wedge \begin{pmatrix} 0 \\ A_y \\ 0 \end{pmatrix} + \begin{pmatrix} -x/2 \\ 0 \\ 0 \end{pmatrix} \wedge \begin{pmatrix} 0 \\ -qx \\ 0 \end{pmatrix} \right\}_G$$

Donc :

$$\{\tau_{coh1}\}_G == -\left\{\begin{matrix} 0 \\ A_y - qx \\ 0 \end{matrix} \middle| \begin{matrix} 0 \\ 0 \\ -A_y \times x + q\dfrac{x^2}{2} \end{matrix} \right\}_G = -\left\{\begin{matrix} 0 \\ 472 - 12x \\ 0 \end{matrix} \middle| \begin{matrix} 0 \\ 0 \\ -472x + 12 \times \dfrac{x^2}{2} \end{matrix} \right\}_G$$

Tronçon [AC [, pour : $l/3 \leq x \leq l$

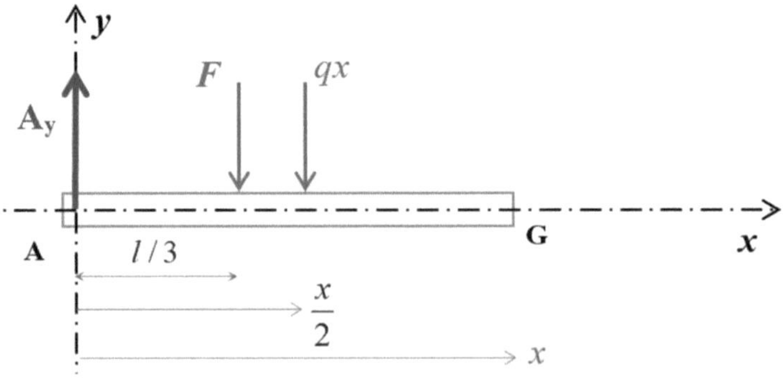

Fig 2.14 : Tronçon [AC[

Calculons le torseur de cohésion 2 :
On a :

$$\{\tau_{coh2}\}_G = -\left\{\begin{matrix} 0 \\ A_y - qx \\ 0 \end{matrix}\ \middle|\ \begin{matrix} 0 \\ 0 \\ -A_y \times x + q\dfrac{x^2}{2} \end{matrix}\right\}_G - \left\{\begin{matrix} 0 \\ -F \\ 0 \end{matrix}\ \middle|\ \begin{pmatrix} 4-x \\ 0 \\ 0 \end{pmatrix} \wedge \begin{pmatrix} 0 \\ -F \\ 0 \end{pmatrix}\right\}_G$$

Donc :

$$\{\tau_{coh2}\}_G = -\left\{\begin{matrix} 0 \\ A_y - F - qx \\ 0 \end{matrix}\ \middle|\ \begin{matrix} 0 \\ 0 \\ -A_y \times x + q\dfrac{x^2}{2} - F \times (4-x) \end{matrix}\right\}_G$$

$$\rightarrow \{\tau_{coh2}\}_G = -\left\{\begin{matrix} 0 \\ -128-12x \\ 0 \end{matrix}\ \middle|\ \begin{matrix} 0 \\ 0 \\ 128x + 12 \times \dfrac{x^2}{2} - 2400 \end{matrix}\right\}_G$$

Représentations des diagrammes :

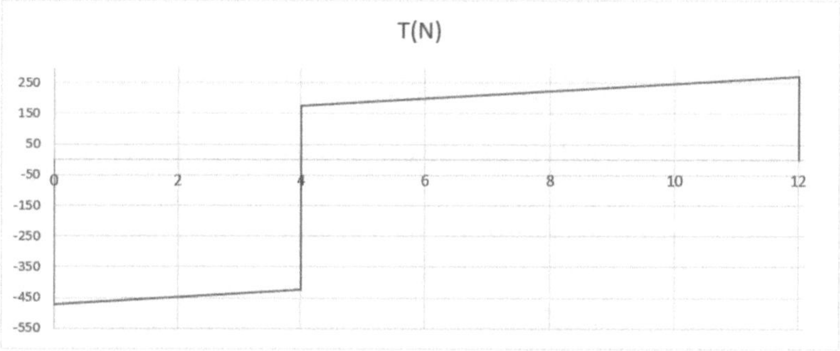

Fig 2.15 : Diagramme des efforts tranchants

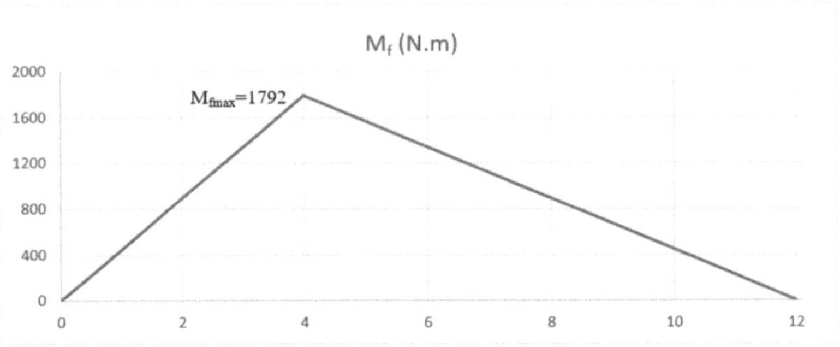

Fig 2.16 : Diagramme des moments fléchissons

Donc, on a d'après le diagramme des moments fléchissons : $M_{f\max} = 1792 N.m$

3. Calculons alors la contrainte de flexion maximale :

$$\sigma_{\max} = \frac{M_{f\max}}{\frac{I_{gz}}{v}} \quad \text{avec} \quad I_{gz} = \frac{e \times h^3}{12} \;\&\; v = \frac{h}{2}$$

Donc :

$$\sigma_{\max} = \frac{6 \times M_{f\max}}{e \times h^2}$$

Application numérique :

$$\sigma_{\max} = \frac{6 \times 1792000}{30 \times 60^2} = 99.55 MPa$$

Donc, la valeur du coefficient de sécurité adoptée est :

$$s = \frac{R_e}{\sigma_{\max}} = \frac{620}{99.55} \approx 6.22$$

Donc, on peut conclure que la poutre peut supporter la charge en toute sécurité.

4. On calcule la valeur du coefficient de concentration de contrainte :

On a :

$$k_p = \sqrt{\frac{t}{r} \times \frac{(d/D)}{1-(d/D)} + 1} - 1 = \sqrt{\frac{6}{2} \times \frac{(54/60)}{1-(54/60)} + 1} - 1$$

$$k_p = 4.291$$

$$k_q = \frac{1}{\sqrt{r/t}} = \frac{1}{\sqrt{2/6}} = 1.732$$

Alors :

$$k_f = \frac{1}{\sqrt{\frac{1}{(0.684\times k_p)^2} + \frac{1}{(1.622\times k_q)^2}}} + 1$$

$$k_f = \frac{1}{\sqrt{\frac{1}{(0.684\times 4.291)^2} + \frac{1}{(1.622\times 1.732)^2}}} + 1$$

$$k_f = 2.221$$

D'où la contrainte de flexion maximale est :

$$\sigma_{\max} = k_f \times \frac{M_{f\max}}{\frac{I_{gz}}{v}} = 2.221\times 99.55 = 221.18MPa$$

Vérification de la résistance de la poutre :

$$\sigma_{\max} \leq \frac{R_e}{s} \rightarrow \sigma_{\max} \leq \frac{620}{2} \rightarrow \sigma_{\max} \leq 310 \rightarrow 221.18 \leq 310$$

Donc, on a la condition de résistance qui est vérifiée.

Correction F.2

1. On isole la poutre et on représente les actions mécaniques dans la figure 2.17.

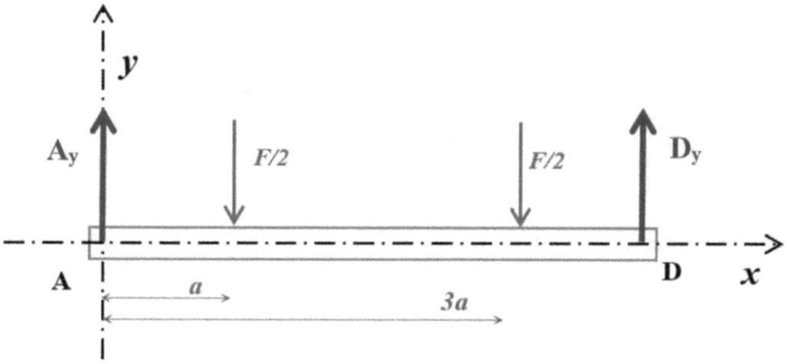

Fig 2.17 : Isolation de la poutre

On a un problème plan et symétrique, donc on peut conclure directement que :

$$A_y = D_y = \frac{F}{2}$$

2. Déterminons le moment fléchissant le long de la poutre :

La poutre est composée de 3 tronçons :

Tronçon 1 : [AB[:

L'expression du moment de flexion : $M_{f1} = -x\frac{F}{2}$

Tronçon 2 : [AC[:

L'expression du moment de flexion :

$$M_{f2} = -x\frac{F}{2} + (x-a)\frac{F}{2} = -a\frac{F}{2}$$

Tronçon 3 : [AD[:

L'expression du moment de flexion : $M_{f3} = (4a-x)\frac{F}{2}$

3. Calculons l'expression de la flèche :

Tronçon 1 :

Équation de la déformée est : $EI_{Gz}\ddot{y}_1 = -M_{f1} = \frac{F}{2}x$

On intègre :

$$EI_{Gz}\dot{y}_1 = \frac{F}{4}x^2 + C_1$$

$$EI_{Gz}\, y_1 = \frac{F}{12}x^3 + C_1 x + C_2 \qquad [1]$$

Avec C_1 et C_2, les constantes d'intégration.

Condition aux limites :

Appui simple en A donc flèche est nulle en A : $y_1(x=0) = 0 \rightarrow C_2 = 0$

Tronçon 2 :

Équation de la déformée est : $EI_{Gz}\ddot{y}_2 = -M_{f2} = \frac{F}{2}a$

On intègre :

$$EI_{Gz}\dot{y}_2 = \frac{F}{2}ax + C_3$$

$$EI_{Gz}\, y_2 = \frac{F}{4}ax^2 + C_3x + C_4 \qquad [2]$$

Avec C_3 et C_4, les constantes d'intégration.

Condition de continuité en B :

$$y_1(x=a) = y_2(x=a) \quad [3]$$

$$\dot{y}_1(x=a) = \dot{y}_2(x=a) \quad [4]$$

Condition aux limites au milieu de la poutre, flèche maximale au milieu :

$$\dot{y}_2(x=2a) = 0 \qquad [5]$$

Détermination des constantes :

$$[5] \rightarrow Fa^2 + C_3 = 0 \rightarrow C_3 = -Fa^2$$

$$[4] \rightarrow \frac{F}{2}a^2 + C_3 = \frac{F}{4}a^2 + C_1$$

$$\rightarrow C_1 = \frac{F}{4}a^2 + C_3$$

Donc :

$$C_1 = \frac{F}{4}a^2 - Fa^2 = -\frac{3F}{4}a^2$$

On a :

$$[3] \rightarrow \frac{F}{12}a^3 + C_1a = \frac{F}{4}a^3 + C_3a + C_4$$

$$\rightarrow C_4 = -\frac{F}{6}a^3 - C_3a + C_1a$$

D'où :

$$C_4 = -\frac{F}{6}a^3 + Fa^3 - \frac{3F}{4}a^3 = \frac{F}{12}a^3$$

Donc l'expression de la flèche dans le tronçon 2 est :

$$[2] \rightarrow EI_{Gz}\, y_2 = \frac{F}{4} a x^2 - F a^2 x + \frac{F}{12} a^3 \qquad [6]$$

L'expression de la flèche au milieu de la poutre est :

$$[6] \rightarrow EI_{Gz}\, y_2 (x = 2a) = F a^3 - 2 F a^3 + \frac{F}{12} a^3$$

$$\rightarrow EI_{Gz}\, y_2 (x = 2a) = -\frac{11F}{12} a^3$$

4. Le module d'élasticité est :

$$E = \frac{11 F a^3}{12 \times I_{Gz} y_2 (x = 2a)}$$

Application numérique :

$$E = \frac{11 \times 500 \times 100^3}{12 \times 1054.6875 \times 2.257} = 192542 MPa$$

Correction F.3

1. On isole la poutre et on représente les actions mécaniques dans la figure 2.18.

Fig 2.18 : Isolation de la poutre

2. Principe Fondamental de la statique donne :

$$\sum \vec{F} = \vec{0} \rightarrow \vec{A} + \vec{F} = \vec{0}$$

$$\sum \overrightarrow{M_{/A}} = \vec{0} \rightarrow \overrightarrow{N_A} + \overrightarrow{M_A}(F) = \vec{0}$$

D'où :

$$\begin{cases} A_X = 0 \\ A_Y - F = 0 \\ N_A - L \times F = 0 \end{cases} \Rightarrow \begin{cases} A_X = 0 \\ A_Y = F \\ N_A = L.F \end{cases}$$

3. On calcule le moment fléchissant dans la poutre :

Pour : $0 \leq x \leq L$

Moment fléchissant est :

$$M_f = -(N_A - xF) = -(L.F - xF) = (x - L)F$$

L'équation de la déformée est :

$$EI_{Gz}\ddot{y} = M_f = (x - L)F$$

On intègre :

$$EI_{Gz}\dot{y} = \frac{F}{2}(x - L)^2 + C_1$$

$$EI_{Gz}\, y = \frac{F}{6}(x - L)^3 + C_1 x + C_2$$

Avec C_1 et C_2, les constantes d'intégration.

On calcule alors les constantes d'intégration par les conditions aux limites :

On a encastrement en A.

$$\dot{y}(x = 0) = 0 \rightarrow C_1 = -\frac{F}{2}L^2$$

$$y(x = 0) = 0 \rightarrow C_2 = \frac{F}{6}L^3$$

D'où l'expression de la déformée est :

$$EI_{Gz}\, y = \frac{F}{6}(x - L)^3 - \frac{F}{2}L^2 x + \frac{F}{6}L^3$$

En déduit alors l'expression de la flèche en B : $y(x = L) = -\dfrac{FL^3}{3EI_{Gz}}$

Donc, la flèche maximale en B est : $y_{\max} = \dfrac{FL^3}{3EI_{Gz}}$

4. L'énergie élastique linéique dans la poutre est :

$$W_e = \frac{1}{2}\int_0^L \left(\frac{M_f^2}{EI_{Gz}} \right) dx = \frac{1}{2EI_{Gz}} \int_0^L \left(M_f^2 \right) dx$$

$$W_e = \frac{1}{2EI_{Gz}} \int_0^L \left((x-L)F \right)^2 dx = \frac{F^2}{2EI_{Gz}} \left[\frac{(x-L)^3}{3} \right]_0^L = \frac{F^2 L^3}{6EI_{Gz}}$$

Appliquant le théorème de **Castigliano** en B : $\frac{dW_e}{dF} = y_{\max}$

Donne : $y_{\max} = \frac{d}{dF}\left(\frac{F^2 L^3}{6EI_{Gz}} \right) = \frac{FL^3}{3EI_{Gz}}$

On conclut alors que les deux méthodes donnent le même résultat.

Correction F.4

1. On a la liaison au niveau du point O est une liaison linéaire annulaire d'axe (x) est modélisée par le torseur suivant :

$$\{\tau_o\}_o = \begin{Bmatrix} 0 & 0 \\ Y_o & 0 \\ Z_o & 0 \end{Bmatrix}_O ;$$

On a la liaison au niveau du point A est une liaison rotule de centre A est modélisée par le torseur suivant :

$$\{\tau_A\}_A = \begin{Bmatrix} X_A & 0 \\ Y_A & 0 \\ Z_A & 0 \end{Bmatrix}_A$$

2. Calcul statique :

On applique PFS en O ;

$$\{\tau_o\}_o + \{\tau_A\}_o + \{\tau_F\}_o = \{0\}$$

Réduction des torseurs en O :

$$\{\tau_A\}_o = \left\{ \begin{matrix} X_A \\ Y_A \\ Z_A \end{matrix} \left| \begin{pmatrix} L \\ 0 \\ 0 \end{pmatrix} \wedge \begin{pmatrix} X_A \\ Y_A \\ Z_A \end{pmatrix} \right. \right\}_o = \left\{ \begin{matrix} X_A \\ Y_A \\ Z_A \end{matrix} \left| \begin{matrix} 0 \\ -LZ_A \\ LY_A \end{matrix} \right. \right\}_o$$

$$\{\tau_F\}_o = \left\{ \begin{matrix} 0 \\ -F \\ 0 \end{matrix} \left| \begin{pmatrix} 3L/4 \\ 0 \\ 0 \end{pmatrix} \wedge \begin{pmatrix} 0 \\ -F \\ 0 \end{pmatrix} \right. \right\}_o = \left\{ \begin{matrix} 0 \\ -F \\ 0 \end{matrix} \left| \begin{matrix} 0 \\ 0 \\ -3LF/4 \end{matrix} \right. \right\}_o$$

En appliquant le PFS on obtient le système d'équations suivant :

$$X_A = 0$$
$$Y_o + Y_A - F = 0$$
$$Z_o + Z_A = 0$$
$$-LZ_A = 0$$
$$LY_A - 3LF/4 = 0$$

3. Calculons les inconnues statiques à partir du système obtenu en (2) :

$$X_A = 0$$
$$Y_o = F/4$$
$$Z_o = 0$$
$$Z_A = 0$$
$$Y_A = 3F/4$$

4. Calculons alors le moment fléchissant le long de l'arbre, notre arbre sera décomposé en deux tronçons :

Tronçon 1 : Zone [OB[

L'expression du moment fléchissant est : $M_{fz1} = -\dfrac{xF}{4}$

Tronçon 2 : Zone [OA[

L'expression du moment fléchissant est : $M_{fz2} = (x-L)\dfrac{3F}{4}$

5. On calcule les équations de la déformée :

Zone (OB) :

L'équation de la déformée est : $EI_{Gz}\ddot{y}_1 = \frac{xF}{4}$

On intègre : $\left| \begin{array}{l} EI_{Gz}\dot{y}_1 = \frac{x^2 F}{8} + C_1 \\ EI_{Gz}y_1 = \frac{x^3 F}{24} + C_1 x + C_2 \quad [1] \end{array} \right.$

Zone (BA) :

L'équation de la déformée est : $EI_{Gz}\ddot{y}_2 = -\frac{3F}{4}(x-L)$

On intègre : $\left| \begin{array}{l} EI_{Gz}\dot{y}_2 = -\frac{3F}{8}(x-L)^2 + C_3 \\ EI_{Gz}y_2 = -\frac{3F}{24}(x-L)^3 + C_3 x + C_4 \quad [2] \end{array} \right.$

Avec C_1, C_2, C_3 et C_4 les constantes d'intégration.
Calculons alors les constantes d'intégration par les conditions aux limites :
Flèche en O et A est nulle :

$$y_1(x=0) = 0 \rightarrow C_2 = 0 \quad [3]$$

$$y_2(x=L) = 0 \rightarrow C_3 L + C_4 = 0 \quad [4]$$

Conditions de continuité en B :

$$y_1(x=3L/4) = y_2(x=3L/4) \rightarrow \frac{3L}{4}C_3 + C_4 = \frac{FL^3}{256} + \frac{3L}{4}C_1 \quad [5]$$

$$y'_1(x=3L/4) = y'_2(x=3L/4) \rightarrow C_3 = \frac{3FL^2}{32} + C_1 \quad [6]$$

[3],[4],[5],[6] Donne :

$$C_2 = 0; \quad C_3 = \frac{17FL^2}{256}; \quad C_4 = -\frac{17FL^3}{256};$$

$$C_1 = -\frac{7FL^2}{256}$$

Alors, les équations des déformées sont :

$$[1] \rightarrow EI_{Gz} y_1 = \frac{x^3 F}{24} - \frac{7FL^2}{256} x$$

$$[2] \rightarrow EI_{Gz} y_2 = -\frac{3F}{24}(x-L)^3 + \frac{17FL^2}{256} x - \frac{17FL^3}{256}$$

6. Calculons les pentes :

L'expression de la pente en O est : $\dot{y}_1(x=0) = -\frac{7FL^2}{256EI_{Gz}}$

Application numérique :

$$Pente = -1.10033 \times 10^{-3} rad = -0.006304° = -0.3782'$$

L'expression de la pente en A est : $\dot{y}_2(x=L) = \frac{17FL^2}{256EI_{Gz}}$

Application numérique :

$$Pente = 2.672 \times 10^{-4} rad = 0.01531° = 0.918'$$

Conclusion : Les deux valeurs de pente sont inférieures à la valeur 8' annoncée. Donc rotulage vérifié.

7. On calcule la flèche maximale $(y_{\max})$ et sa position (x_m) :

Calculons (x_m) :

$$EI_{Gz} \dot{y}_1(x) = \frac{x^2 F}{8} - \frac{7FL^2}{256} = 0$$

$$\rightarrow x_m = \sqrt{\frac{7}{32}} \times L$$

Calculons $(y_{\max})$:

$$y_{1\max}\left(x = x_m = \sqrt{\frac{7}{32}} \times L\right) = \left|\frac{1}{EI_{Gz}}\left(\frac{L^3 F}{24}\left(\sqrt{\frac{7}{32}}\right)^3 - \frac{7FL^3}{256} \times \frac{7}{32}\right)\right|$$

Application numérique :

$$x_m = 93.541mm$$

$$y_{1\max} = 0.001383mm$$

Correction F.5

*Composantes du moment fléchissant sur les axes (**y, z**).*

$$M_{fz} = M_f \times \cos(30) = 4330Nm$$

$$M_{fy} = M_f \times \sin(30) = 2500Nm$$

*Contrainte au point **A** :*

$$\sigma_A = \frac{M_{fy}}{I_{GY}} \times Z_A - \frac{M_{fz}}{I_{GZ}} \times Y_A = -116.38MPa$$

*Contraintes en **B, C** et **D** : même raisonnement qu'en **A**.*

$$\sigma_B = 116.38MPa; \quad \sigma_C = -75.91MPa; \qquad \sigma_D = 75.91MPa$$

Plan neutre (NN) :

$$\alpha = \arctan\left(\tan(\theta) \times \left(\frac{I_{GZ}}{I_{GY}}\right)\right) = 84.6^\circ$$

(Représenté dans la figure 2.6 du modèle de la poutre)

Remarques :

- Les contraintes à droite du plan neutre NN sont toutes des contraintes de compression (contraintes négatives) ;

  La contrainte de compression maximale est :

  $$\sigma_A = -116.38MPa$$

- Les contraintes à gauche du plan neutre sont toutes des contraintes de traction (contraintes positives) ;

  La contrainte de traction maximale est :

  $$\sigma_B = 116.38MPa$$

Correction F.6

Les axes principaux sont inclinés de **23,84°** par rapport aux axes **(y, z).**
Coordonnées de M_f sur les axes **(U, V)** :

$$M_{fu} = -M_f \times \sin(23.84) = -808Nm$$
$$M_{fv} = M_f \times \cos(23.84) = 1829Nm$$

Contrainte en **A, B** et **C** :

$$\sigma_A = \frac{M_{fu}}{I_{GZ}} \times V_A - \frac{M_{fv}}{I_{GY}} \times U_A = -48.73MPa$$

De même pur B et C :

$$\sigma_B = -16MPa \quad \sigma_C = 39MPa$$

Plan neutre **(NN)** :

$$\alpha = \arctan\left(\tan(\theta) \times \left(\frac{I_V}{I_U}\right)\right) = 68.13^\circ$$

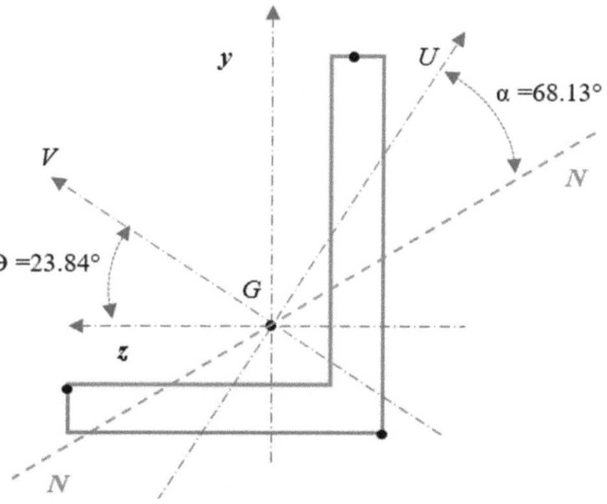

Fig 2.19 : Plan neutre

Remarque :

Les contraintes à droite du plan neutre (σ_C étant la contrainte maximale) sont des contraintes de traction. Les contraintes à gauche du plan neutre (σ_A, étant la contrainte maximale) sont des contraintes de compression.

Correction F.7

1. Contrainte normale de flexion

Contrainte normale dans le cas de la charge dans la position (1)

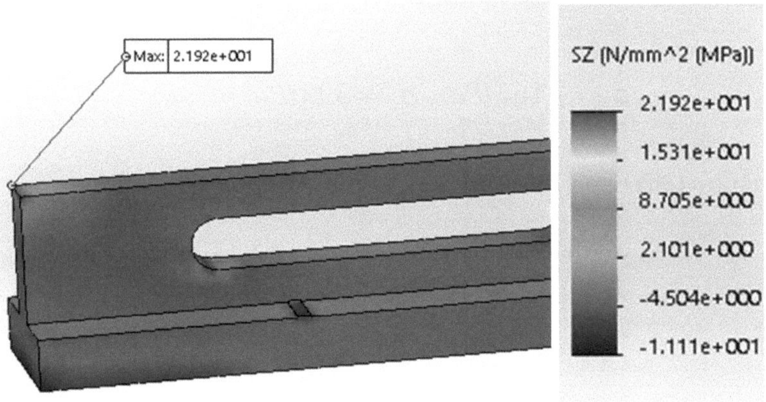

Fig 2.20 : Contrainte normale de flexion, cas d'étude statique 1

Contrainte normale dans le cas de la charge dans la position (2)

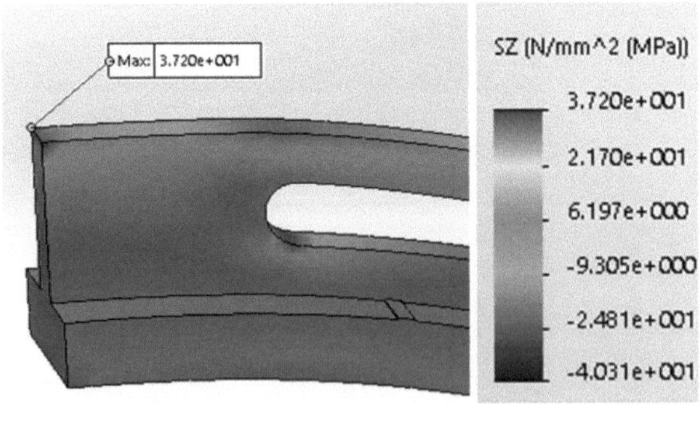

Fig 2.21 : Contrainte normale de flexion, cas d'étude statique 2

On remarque la contrainte normale de flexion maximale dans les deux cas d'études statique se trouve à l'extrémité de la poutre, comme le montrent les figures 2.20 et 2.21.

Les valeurs de contrainte normale maximale de flexion :

Cas d'étude statique 1 : $\sigma_{\max} = 21.92MPa$

Cas d'étude statique 2 : $\sigma_{\max} = 37.2MPa$

2. D'après la simulation on constate que la valeur de contrainte normale de flexion maximale n'est pas au niveau des rainures, donc on peut conclure que les rainures n'influent pas sur la résistance de la raille.

3. Vérification des déplacements de la raille :

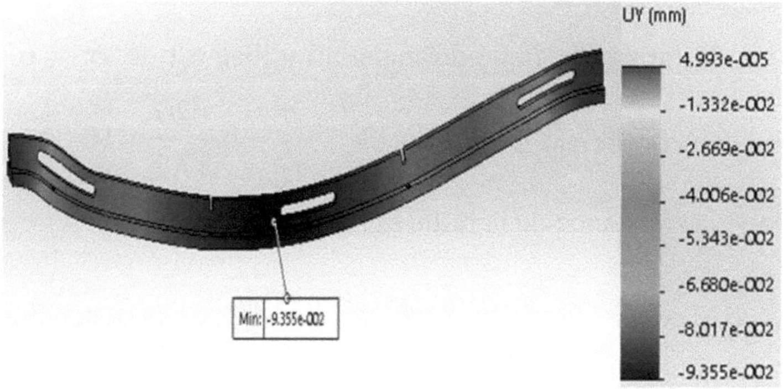

Fig 2.22 : Déplacement de la poutre, cas d'étude statique (1)

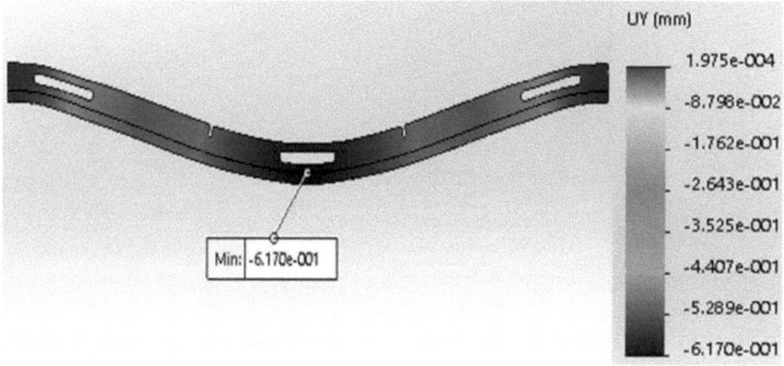

Fig 2.23 : Déplacement de la poutre, cas d'étude statique (2)

On déduit alors :

Déplacement maximal de la raille cas étude statique (1) :

$$y_{\max} = 0.009355mm$$

Déplacement maximal de la raille cas étude statique (2) :

$$y_{\max} = 0.01617mm$$

4. Conclusion :

On a la flèche maximale dans les deux cas d'étude statique est de : $y_{\max} = 0.01617mm$, donc la raille est très rigide (inférieur a $\frac{l}{1000} = 3mm$)

La contrainte de flexion maximale dans les deux cas d'étude statique est de : $\sigma_{\max} = 37.2MPa$

Avec la limite élastique du matériau utilisé est de $\sigma_e = 620MPa$ nous donne un coefficient de sécurité : $s = \frac{\sigma_e}{\sigma_{\max}} = \frac{620}{37.2} = 16.66$.

Donc la résistance de la raille est bien vérifiée.

Avec le poids de la raille de $P \approx 2200Kg$, on peut conclure que la raille est sur dimensionnée.

Chapitre 3
Torsion simple

Dans cette partie, la série d'exercices concerne les calculs de vérification de la résistance vis-à-vis des contraintes tangentielles de torsion ainsi que les calculs de dimensionnement et de déformation. On y traite les problèmes des arbres de transmission et des ressorts ainsi que les arbres avec concentration de contrainte.

1. Formules & Notes de cours

- Angle de torsion

$$\alpha \quad [rad]$$

- Angle unitaire de torsion

$$\theta = \frac{\alpha}{l} \qquad [rad / mm]$$

- Contraintes tangentielles de torsion :

$$\tau_{Maxi} = G \times \theta \times R = \frac{M_t}{\left(\frac{I_0}{v}\right)} \qquad \text{pour } R = \rho_{Maxi} = v$$

- Le moment de torsion :

$$M_t = G \times \theta \times I_0$$

- Condition de résistance :

$$\tau_{Maxi} = \frac{M_t}{\left(\frac{I_0}{v}\right)} \leq R_{Pg}$$

- Contrainte cas de concentration de contraintes :

$$\tau_{Maxi} = K_t \times \tau_0 \text{ Avec } \quad \tau_0 = \frac{M_t}{\left(\frac{I_0}{v}\right)}$$

- Condition de rigidité

$$\theta = \frac{M_t}{G \times I_0} \leq \theta_{\lim}$$

2. Exercices

Exercice Tr.1 : Calcul des contraintes et des déformations d'une poutre tordue

Un arbre de machine se compose de quatre tronçons de section circulaire, cinq couples appliqués aux extrémités comme indique la figure 3.1.

Les couples en *(N.m)* et les dimensions en *(mm)*.

Le module d'élasticité de matériaux est : $E = 210\,000$ *MPa* et coefficient de Poisson est $v = 0,3$.

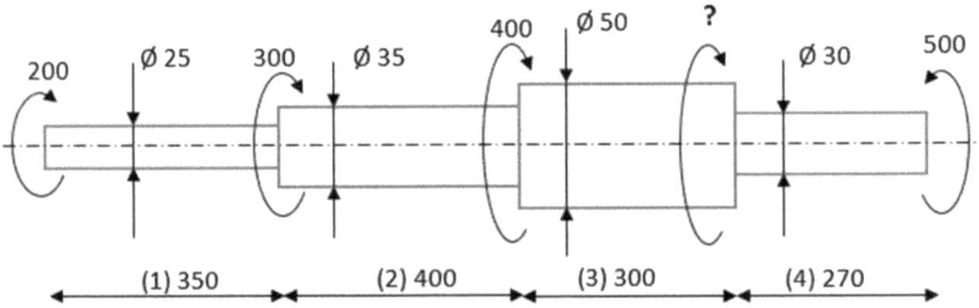

Fig 3.1 : Modèle de la poutre

1. En appliquant le PFS, calculer le couple manquant.
2. Représenter le diagramme des moments.
3. Calculer les contraintes de torsion dans chaque tronçon.
4. Calculer la déformation en torsion des deux sections extrêmes de la pièce.

Exercice Tr.2 : Dimensionnement d'un arbre de transmission

On s'intéresse au dimensionnement d'un arbre de transmission en acier dont la contrainte admissible de cisaillement est $\tau_{adm} = 310MPa$.

La sollicitation principale à laquelle est soumis l'arbre est la torsion. Les dimensions sont données sur la figure 3.2.

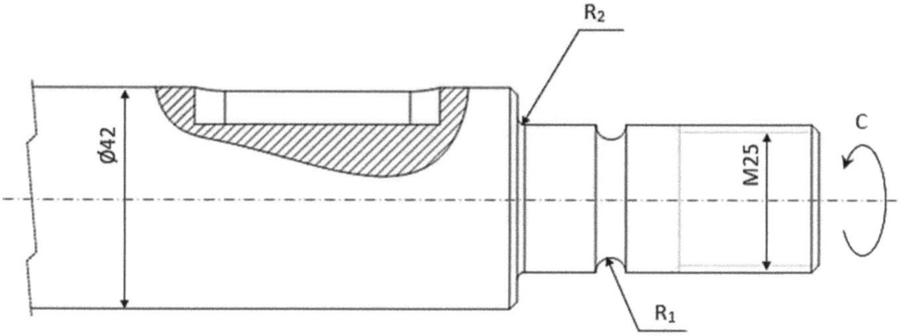

Fig 3.2 : Arbre de transmission

Les concentrations de contraintes conduisent à une étude plus précise pour les sections au niveau de la gorge de rayon R_1, du congé de rayon R_2, du filetage M25 et de la ruinure de clavette. On donne :
R_1=4mm, R_2=3 mm, pour la clavette : j =37 mm, r = 1 mm. *C = 200 000 N. mm.*

On se référera aux abaques aux figures de l'annexe 2 pour calculer la contrainte nominale pour chaque section.
Vérifier la résistance de l'arbre et conclure.

Exercice Tr.3 : Calcul de la raideur d'un ressort

Soit un ressort constitué par un fils de diamètre *(d)*, enroulé suivant une hélice de diamètre *(D)* et d'angle d'inclinaison *(β)* composé de *(n)* spire complètes. Le ressort ainsi défini supporte deux actions que l'on suppose appliquées rigoureusement suivant l'axe de l'hélice.

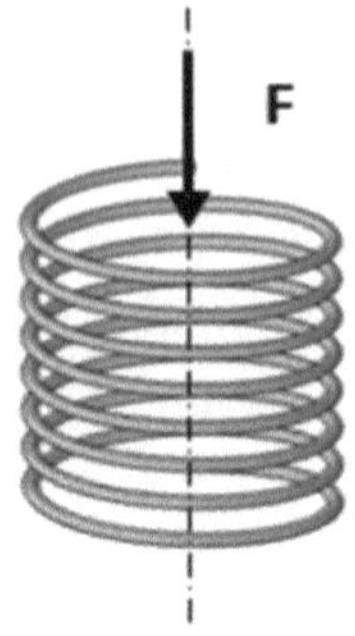

Fig 3.3 : Ressort

L'objectif de cet exercice est de calculer la raideur du ressort.

1. Déterminer les éléments de réduction $\left(N,T,M_t,M_f\right)$ au centre de gravité G d'une section S du ressort.
2. Sachant que l'angle d'inclinaison (β) est faible, conclure sur les valeurs des éléments de réduction.
3. Écrire la déformation suivant l'axe du ressort (df) en fonction de l'angle de torsion (α).
4. Calculer l'expression de la déformée (f).
5. En déduire la raideur du ressort.

Exercice Tr.4 : Dimensionnement d'un arbre creux tordu

Un arbre cylindrique creux est utilisé pour transmettre un couple de *500 Nm*. De diamètre extérieur D, de diamètre intérieur $d = 0,6 \times D$ et de longueur *400 mm*. Cet arbre est constitué d'un acier pour lequel $\tau_e = 240 MPa$ et $G = 80000 MPa$.

La construction exige une grande rigidité, on limite la déformation unitaire à 0,25 °/m.

1. Calculer le diamètre D & d de l'arbre.
2. Calculer la valeur du coefficient de sécurité et conclure.

Exercice Tr.5 : Vérification de la résistance d'un arbre cannelé

Un arbre cannelé figure 3.4 de longueur *270 mm* transmet une puissance de *150 kW* à la vitesse *1500 tr/min*, cet arbre est en acier pour lequel $\tau_e = 240MPa$ et le module d'élasticité transversal $G = 80000\,MPa$. Les cannelures provoquent une concentration de contrainte $Kt = 1,7$, on adopte pour cette construction un coefficient de sécurité $s = 4$.

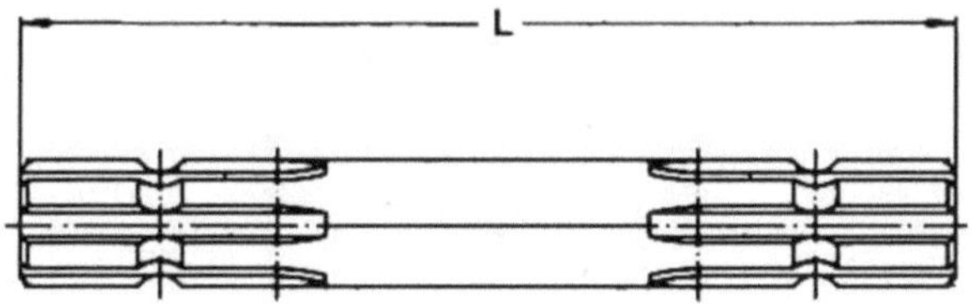

Fig3.4 : Arbre cannelé

On envisage d'utiliser un arbre plein ou creux figure3.5, l'arbre plein a un diamètre D_1, l'arbre creux a pour diamètres D_2 et d_2 tels que $d_2=0.6\times D_2$.

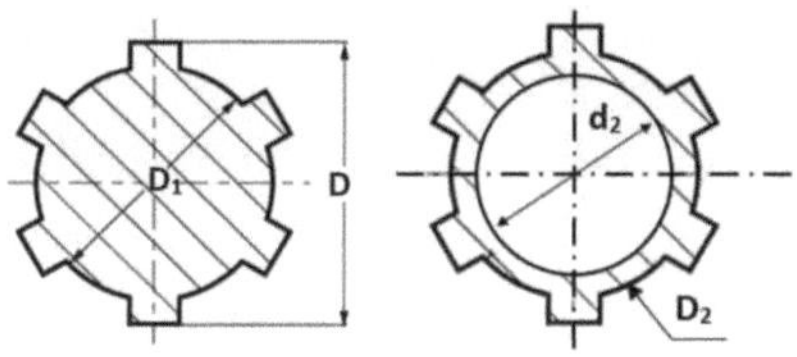

Fig 3,5 Sections du l'arbre

1. Déterminer le diamètre D_1 de l'arbre plein à utiliser.
2. Déterminer la déformation angulaire α_1 entre deux sections extrêmes.
3. Déterminer le diamètre D_2 et d_2 de l'arbre creux à utiliser.
4. Déterminer la déformation angulaire α_2 entre deux sections extrêmes.
5. Quel est l'arbre le plus rigide ?
6. Déterminer le rapport de masse et conclure.

Exercice Tr. 6 : Vérification de la résistance d'un arbre par simulation

Objectif de cet exercice est de vérifier la résistance d'un arbre intermédiaire d'un réducteur figure 3.6. Cet arbre est soumis à un couple de $C = 200\ N.m$.

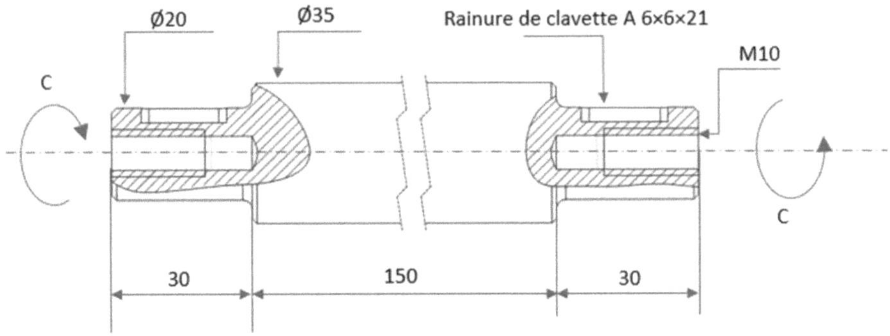

Fig 3,6 Arbre de réducteur

Les dimensions sont en (mm)
Rainure de clavette Type A .6×6×21 avec un rayon r =1,5, j =16,5
Taraudage M10 Pas 1,25, s=20, q=30
Pour vérifier la résistance de cette tige, on va réaliser une simulation sur SOLIDWORKS.

Les étapes de la simulation :

1) Représenter l'arbre sur SOLIDEWORKS.
2) Appliquer un matériau pour la tige (**Acier allié)**
3) Vérifier que la masse doit être 762,9 g.
4) Sélectionner l'onglet « SIMULATION » puis « nouvelle étude "après" étude de type statique ».
5) Sélectionner déplacements internes, géométrie fixe : sélectionner une face de l'extrémité de la tige.
6) Cliquer sur chargements externes puis couple : sélectionner l'autre face de l'extrémité, puis mettre une valeur de 200 N.m.
7) Sélectionner maillage puis densité de maillage fin.
8) Enfin, exécuter cette étude.

Interprétation des résultats :

9) Afficher les résultats de la contrainte tangentielle, en déduire la valeur de la contrainte normale maximale et sa position.
10) Vérifier la résistance en torsion de l'arbre (avec $\tau_{adm} = 310MPa$).
11) Calculer la valeur de la contrainte tangentielle théorique maximale en utilisant l'abaque de concentration de contrainte. (Abaque pour les rainures de clavette Annexe 2)
12) Interpréter les résultats.

3. Corrections

Correction Tr.1

1. En applique le PFS sur l'arbre :

$$\sum C_t = 0 \rightarrow -200-300-400+C+500=0 \rightarrow C=400N.m$$

2. Le diagramme des moments

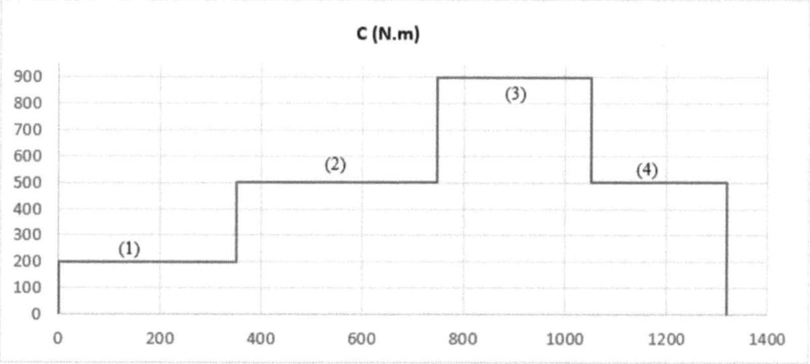

Fig 3,7 Diagramme des moments

3. Les contraintes de torsion dans chaque tronçon

L'expression de la contrainte de torsion est : $\tau = \dfrac{C_t}{\left(\dfrac{I_0}{d/2}\right)} = \dfrac{16C}{\pi d^3}$

D'où les valeurs des contraintes dans les tronçons :

$$(1) \rightarrow \tau_1 = 65.18 N.mm$$

$$(2) \rightarrow \tau_2 = 59.39 N.mm$$

$$(3) \rightarrow \tau_3 = 36.66 N.mm$$

$$(4) \rightarrow \tau_4 = 94.13 N.mm$$

4. La déformation en torsion des deux sections extrêmes de la pièce :

L'expression de la déformation de torsion est : $\alpha = l \times \frac{C_t}{G \times I_0}$

Avec $G = \frac{E}{2 \times (1+\nu)} = 80769 MPa$ Et : $I_0 = \frac{\pi d^4}{32}$

D'où les valeurs des déformations dans les tronçons :

$$(1) \rightarrow \alpha_1 = 0.022599\ rad, (2) \rightarrow \alpha_2 = 0.016807\ rad$$

$$(3) \rightarrow \alpha_3 = 0.005448\ rad, (4) \rightarrow \alpha_4 = 0.021018\ rad$$

D'où la valeur de la déformation des deux sections extrêmes est :

$$\alpha = 0.065873\ rad = 3.77°$$

Correction Tr.2

1. Calcul de la contrainte au niveau du filetage :

Du fait de la concentration de contrainte au niveau du filetage, la condition de résistance s'écrit :

$$\tau = k_{tr} \times \frac{16C}{\pi d^3} \leq \tau_{adm}$$

Application numérique :

$$\tau = k_{tr} \times \frac{16C}{\pi d^3} = 2.5 \times \frac{16 \times 200000}{\pi \times 25^3} = 162.97 \leq 310 MPa$$

La section au niveau de filetage est vérifiée.

2. Calcul de la contrainte au niveau de la gorge de rayon R_1 :

Du fait de la concentration de contrainte au niveau de la gorge, la condition de résistance s'écrit :

$$\tau = k_{tr} \times \frac{16C}{\pi d^3} \leq \tau_{adm}$$

En détermine K_{tr} à partir de l'abaque.

On a :

$$t = 4mm, r = 4mm \text{ D'où : } \frac{r}{t} = 1$$

Et on a :

$$d = 17mm, D = 25mm \text{ D'où : } \frac{d}{D} = 0.68$$

Donc on déduit de l'abaque :

$$K_{tr} \approx 1.3$$

On calcule la contrainte :

$$\tau = 1.3 \times \frac{16 \times 200000}{\pi \times 17^3} = 269.52 \leq 310 MPa$$

La section au niveau de la gorge est vérifiée.

3. Calcul de la contrainte au niveau du congé de rayon R2 :

Du fait de la concentration de contrainte au niveau du congé, la condition de résistance s'écrit :

$$\tau = k_{tr} \times \frac{16C}{\pi d^3} \leq \tau_{adm}$$

En détermine K_{tr} à partir de l'abaque.

On a :

$$t = 8.5mm, r = 3mm \text{ D'où } \frac{r}{t} = 0.352$$

Et on a :

$$d = 25mm, D = 42mm \text{ D'où } \frac{d}{D} = 0.595$$

Donc on déduit de l'abaque :

$$K_{tr} \approx 2.2$$

On calcule la contrainte :

$$\tau = 2.2 \times \frac{16 \times 200000}{\pi \times 25^3} = 143.41 \leq 310 MPa$$

La section au niveau du congé est vérifiée.

4. Calcul de la contrainte au niveau de la clavette :

Du fait de la concentration de contrainte au niveau au niveau de la clavette, la condition de résistance s'écrit :

$$\tau = k_{tr} \times \frac{16C}{\pi d^3} \leq \tau_{adm}$$

En détermine K_{tr} à partir de l'abaque.

On a :

$$r = 1mm, d = 42mm, j = 37mm \text{ D'où } \frac{r}{(d-j)} = 0.2$$

Donc on déduit de l'abaque :

$$K_{tr} = 3.5$$

On calcule la contrainte :

$$\tau = 3.5 \times \frac{16 \times 200000}{\pi \times 35^3} = 83.15 \leq 310 MPa$$

La section au niveau de la clavette est vérifiée.

Conclusion : Donc, on constate que la résistance de l'arbre est vérifiée et que la section au niveau de la gorge est la plus sollicitée avec une contrainte : $\tau_{\max} = 269.52 MPa$

Correction Tr.3 :

1. Soit une section S de centre de gravité G de normale $\vec{n}$ et de tangente $\vec{t}$ comme indique la figure 3.8 suivante.

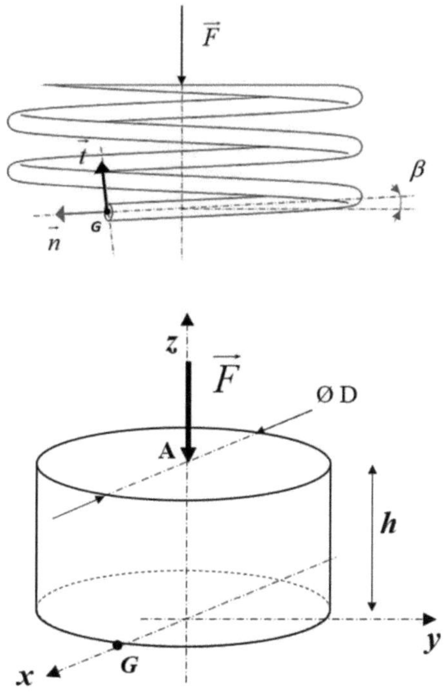

Fig 3.8 Modèle de ressort

Calculons les éléments de réduction $\left(N, T, M_t, M_f\right)$ au point G.

Soit $\{T_F\}_A$ torseur associé à $\overrightarrow{F}$ au point A.

$$\{T_F\}_A = {}_A\left\{\begin{matrix} 0 & 0 \\ 0 & 0 \\ -F & 0 \end{matrix}\right\}_{(x,y,z)}$$

Réduction du torseur au point G :

$$\{T_F\}_G = {}_G\left\{\begin{matrix} 0 \\ 0 \\ -F \end{matrix}\middle| \begin{pmatrix} d/2 \\ 0 \\ h \end{pmatrix} \wedge \begin{pmatrix} 0 \\ 0 \\ -F \end{pmatrix}\right\}_{(x,y,z)} = {}_G\left\{\begin{matrix} 0 \\ 0 \\ -F \end{matrix}\middle| \begin{matrix} 0 \\ F \times d/2 \\ 0 \end{matrix}\right\}_{(x,y,z)}$$

Projetons les éléments du torseur $\left\{T_F\right\}_G$ sur la base $\left(\vec{n},\vec{t}\right)$.

$$\vec{F} = F\vec{z} = F \times \sin(\beta)\vec{n} + F \times \cos(\beta)\vec{t}$$

$$\vec{M} = F \times \frac{D}{2}\vec{y} = F \times \frac{D}{2} \times \cos(\beta)\vec{n} + F \times \frac{D}{2} \times \sin(\beta)\vec{t}$$

Donc en peut déduire :

$$N = F \times \sin(\beta)$$

$$T = F \times \cos(\beta)\vec{t}$$

$$M_t = F \times \frac{D}{2} \times \cos(\beta) \quad [1]$$

$$M_f = F \times \frac{D}{2} \times \sin(\beta)$$

2. Nous avons des sollicitations composées, avec l'hypothèse l'angle d'inclinaison (β) est faible, on néglige alors les termes en (*sin(β)*).

Dans ce cas, on ne prend en compte que le moment de torsion, mais en le majorant :

On adopte donc :

$$[1] \rightarrow \left\|M_t\right\| = F \times \frac{D}{2} \quad [2]$$

3. L'étude des déformations d'un élément de ressort de longueur *dl* :

La flèche élémentaire df induite par un tel élément comme indique la figure 3.9 suivante est :

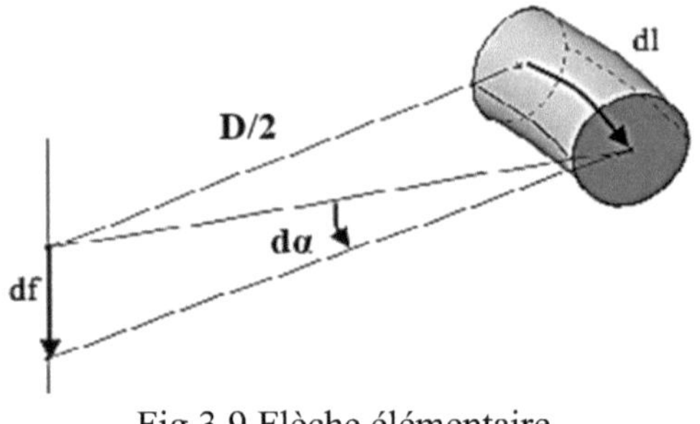

Fig 3.9 Flèche élémentaire

On déduit : $df = \frac{D}{2} \times d\alpha \quad [3]$

4. Calculons la déformation (f) :

On a : $\theta = \frac{d\alpha}{dl} = \frac{M_t}{GI_0}$ avec l'équation $[2]$ donne : $\theta = \frac{F \times D}{2 \times GI_0}$

Soit : $d\alpha = \frac{M_t}{GI_0} \times dl$ avec l'équation $[3]$ donne :

$$df = \frac{D}{2} \times \frac{F \times D}{2 \times GI_0} \times dl = \frac{D}{2} \times \frac{F \times D}{2 \times G \times \frac{\pi d^4}{32}} \times dl = \frac{8 \times F \times D^2}{G \times \pi \times d^4} \times dl$$

Alors : $f = \frac{8 \times F \times D^2}{G \times \pi \times d^4} \times \int_0^L dl = \frac{8 \times F \times D^2}{G \times \pi \times d^4} \times L$

Avec : $\int_0^L dl = L$: longueur développée du ressort.

$L \approx \pi \times D \times n$: n étant le nombre de spires du ressort.

On obtient finalement : $f = \frac{8 \times F \times D^3 \times n}{G \times d^4}$ $[4]$

5. L'expression de la raideur :

L'expression précédente $[4]$ est de la forme $f = K \times F$ avec :

$$K = \frac{8 \times D^3 \times n}{G \times d^4}$$

Il s'agit d'ailleurs de la définition d'un ressort, au sens le plus général du terme, on doit avoir :

Déformation = constante × effort

Ce qui est bien le cas ici.

- K : s'appelle la flexibilité du ressort.
- 1/K : s'appelle la raideur du ressort.

Correction Tr.4

1. Pour calculer les dimensions de notre arbre, on utilise la condition de rigidité :

$$\theta = \frac{M_t}{GI_0} \leq \theta_{\lim} \quad [1]$$

Avec

$$I_0 = \frac{\pi}{32}\left(D^4 - d^4\right) = \frac{\pi}{32} D^4\left(1 - 0.6^4\right) = 0.87 \times \frac{\pi}{32} D^4 \quad [2]$$

Alors en peut écrire :

$$[1] \& [2] \rightarrow \frac{M_t}{G \times 0.87 \times \frac{\pi}{32} D^4} \leq \theta_{\lim} \rightarrow \sqrt[4]{\frac{32 \times M_t}{G \times 0.87 \times \pi \times \theta_{\lim}}} \leq D$$

Application numérique :

$$\sqrt[4]{\frac{32 \times 500000}{80000 \times 0.87 \times \pi \times \frac{0.25 \times \pi}{180} \times 10^{-3}}} \leq D \rightarrow D \geq 63.99mm$$

Soit $D = 65mm$ et $d = 39mm$.

2. Pour calculer le coefficient de sécurité, on doit calculer la contrainte de torsion :

$$\tau = \frac{M_t}{\frac{I_0}{D/2}} \quad [3]$$

Alors en peut écrire :

$$[3] \& [2] \rightarrow \tau = \frac{M_t}{\frac{0.87 \times \frac{\pi}{32} D^4}{D/2}} = \frac{16 \times M_t}{0.87 \times \pi \times D^3}$$

Application numérique :

$$\tau = \frac{16 \times 500000}{0.87 \times \pi \times 65^3} = 10.65 MPa$$

Le coefficient de sécurité adopté est alors :

$$s = \frac{\tau_e}{\tau} = \frac{240}{10.65} = 22.51$$

Conclusion : L'arbre peut transmettre le couple 500 Nm en toute sécurité.

Correction Tr.5

1. Calculons le couple à transmettre :

On a :

$$P = C \times w = C \times \frac{2\pi \times N}{60}$$

Alors :

$$C = \frac{60 \times P}{2\pi \times N}$$

Application numérique :

$$C = \frac{60 \times 150000}{2\pi \times 1500} \approx 955 N.m$$

Condition de résistance de l'arbre plein est :

$$\tau = k_{tr} \times \frac{C}{\left(\frac{I_0}{D_1/2}\right)} \leq \tau_{adm} \rightarrow k_{tr} \times \frac{16C}{\pi D_1^3} \leq \tau_{adm}$$

Avec : $\tau_{adm} = \frac{\tau_e}{s}$ & $I_0 = \frac{\pi D_1^4}{32}$

Donc : $\sqrt[3]{k_{tr} \times \frac{16C}{\pi \times \frac{\tau_e}{s}}} \leq D_1$

Application numérique : $\sqrt[3]{1.7 \times \frac{16 \times 955000}{\pi \times \frac{240}{4}}} \leq D_1 \rightarrow D_1 \geq 51.65mm$

Soit : $D_1 = 52mm$

2. La déformation angulaire α1 entre deux sections extrêmes est :

$$\alpha_1 = l \times \frac{C}{G \times I_0} = l \times \frac{32 \times C}{G \times \pi \times D_1^4}$$

Application numérique :

$$\alpha_1 = 270 \times \frac{32 \times 955000}{80000 \times \pi \times 52^4} = 0.004490rad = 0.25726°$$

3. Calculons le diamètre D_2 et d_2 de l'arbre creux à utiliser :

On a : $I_0 = \frac{\pi}{32}\left(D_2^4 - d_2^4\right) = \frac{\pi}{32} D_2^4\left(1 - 0.6^4\right) = 0.87 \times \frac{\pi}{32} D_2^4$

D'où la condition de résistance est :

$$\tau = k_{tr} \times \frac{C}{\left(\frac{I_0}{D_2 / 2}\right)} \leq \tau_{adm} \rightarrow \frac{16C}{0.87 \times \pi D_2^3} \leq \tau_{adm}$$

Donc : $\sqrt[3]{k_{tr} \times \frac{16C}{0.87 \times \pi \times \frac{\tau_e}{s}}} \leq D_2$

Application numérique : $\sqrt[3]{1.7 \times \frac{16 \times 955000}{0.87 \times \pi \times \frac{240}{4}}} \leq D_2 \rightarrow D_2 \geq 54.1mm$

Soit :

$$D_2 = 55mm \quad \& \quad d_2 = 33mm$$

4. La déformation angulaire α_2 entre deux sections extrêmes est :

$$\alpha_2 = l \times \frac{C}{G \times I_0} = l \times \frac{32 \times C}{G \times \pi \times \left(D_2^4 - d_2^4\right)}$$

Application numérique :

$$\alpha_2 = 270 \times \frac{32 \times 955000}{80000 \times \pi \times \left(55^4 - 33^4\right)} = 0.004122 rad = 0.23617°$$

5. On a $\alpha_2 < \alpha_1$: donc l'arbre creux est plus rigide.

6. Calculons le rapport de masse :

Soit :

$$r = \frac{M_2}{M_1} = \frac{\rho_v \times V_2}{\rho_v \times V_1} = \frac{\rho_v \times l \times S_2}{\rho_v \times l \times S_1} = \frac{S_2}{S_1} = \frac{\frac{\pi}{4} \times \left(D_2^2 - d_2^2\right)}{\frac{\pi}{4} \times D_1^2} = \frac{\left(D_2^2 - d_2^2\right)}{D_1^2}$$

Application numérique :

$$r = \frac{\left(55^2 - 33^2\right)}{52^2} = 0.7519$$

Conclusion : L'arbre creux représente 75 % de la masse de l'arbre plein avec une rigidité supérieure.

Correction Tr.6

Après représentation de l'arbre et l'étude statique, nous obtenons les résultats suivants.

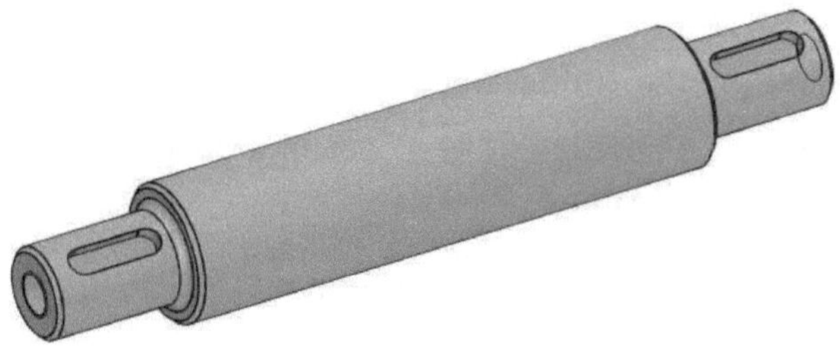

Fig 3.10 : Modèle de l'arbre

1. La contrainte tangentielle :

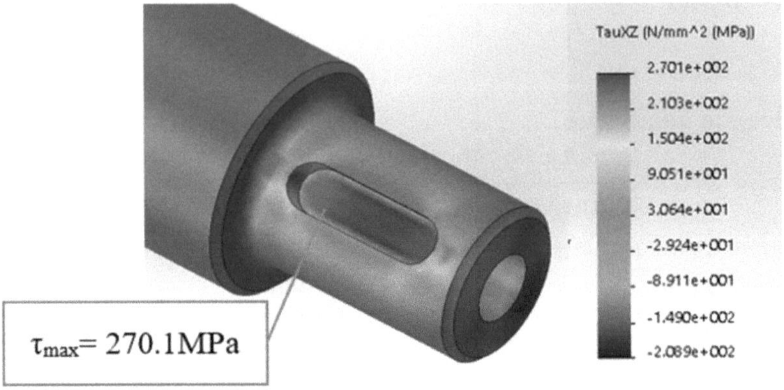

Fig 3.11 :Contrainte tangentielle de torsion

La contrainte tangentielle maximale est : $\tau_{max} \approx 270.1MPa$ au niveau de la clavette.

2. Vérification de la résistance en torsion de l'arbre :

$$\tau_{max} \approx 270.1MPa \leq \tau_{adm} = 310MPa$$

Donc l'arbre peut transmettre le couple en toute sécurité.

3. Calculons la valeur de la contrainte tangentielle théorique maximale :

Dans notre cas d'étude statique, on peut prévoir que la section au niveau de la clavette est la plus sollicitée : Elle est la section la plus faible et on a la présence du phénomène de concentration de contrainte, d'où la contrainte au niveau de cette clavette est :

$$\tau_{th} = k_{tr} \times \frac{16C}{\pi d^3}$$

Avec K_{tr} est le coefficient de concentration de contrainte.

D'après l'abaque de coefficient de concentration de contrainte pour les rainures des clavettes (Annexe 2), on a :

$$\frac{r}{d-j} = \frac{1.5}{3.5} = 0.42$$

Donne $k_{tr} \approx 2.4$

Donc :

$$\tau_{th} = k_{tr} \times \frac{16C}{\pi d^3}$$

$$\tau_{th} = 2.4 \times \frac{16 \times 200000}{\pi \times 20^3} = 305.5 MPa$$

4. Interprétation :

On a la valeur de la contrainte de la simulation est : $\tau_{max} \approx 270.1 MPa$ et la valeur de la contrainte théorique calculer est : $\tau_{th} = 305.5 MPa$, on constate que la valeur de la contrainte théorique est plus grande.

Cette différence est due à l'erreur dans l'estimation de la valeur de coefficient de concentration de contrainte à partir de l'abaque, donc on peut conclure que les valeurs des contraintes de simulation sont plus précises.

D'où la valeur réelle du coefficient de concentration de contrainte dans notre cas est :

$$K_{tr} = \frac{\tau_{max}}{\tau} = \frac{\tau_{max}}{\frac{16C}{\pi d^3}} = \frac{270.1}{\frac{16 \times 200000}{\pi \times 20^3}} = 2.121$$

Chapitre 4
Cisaillement simple

Dans cette partie, la série d'exercices concerne les calculs de vérification de la résistance vis-à-vis des contraintes tangentielles de cisaillement ainsi que les calculs de dimensionnement. On y traite les problèmes des clavettes, des assemblages soudés, des assemblages collés, les assemblages par rivets, les articulations et le poinçonnage des tôles.

1. Formules & Notes de cours

- Contrainte tangentielle :

$$\tau = \frac{T}{S}$$

- La loi de Coulomb : en déformation élastique :

$$\tau = G \times \gamma$$

- Concentration de contraintes :

$$\tau_{\max} = K_t \times \tau_0 \quad \text{Avec} \quad \tau_0 = \frac{F}{S} = \frac{T}{S}$$

- Condition de résistance :

$$\tau_{\max} = \frac{T}{S} \leq R_{pg} = \frac{R_{eg}}{s}$$

1. Exercices

Exercice C.1 : Dimensionnement d'une clavette

Un pignon transmet un couple moteur de *1400 Nm* à un arbre de diamètre *80 mm* à travers une clavette. Si nous considérons un coefficient de sécurité de *5*. La pression de matage et la limite élastique pour l'acier spécial de la clavette sont : $P_{mat} = 40\ MPa$ et $R_e = 850\ MPa$.
Calculer la longueur de la clavette.

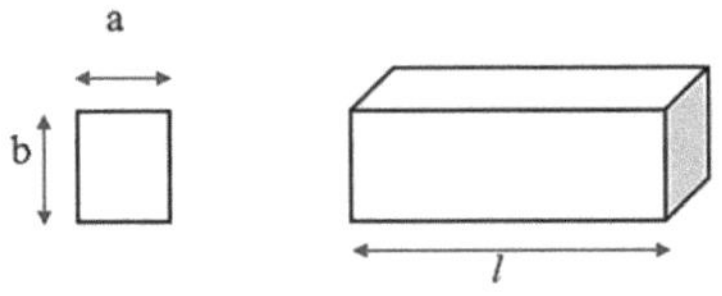

Fig 4.1 : Dimension de la clavette

Exercice C.2 : Vérification des assemblages soudée

On se propose de calculer la longueur minimale de cordon de soudure pour les trois assemblages soudés suivants :

Cas 1 : *F = 90 000 N*

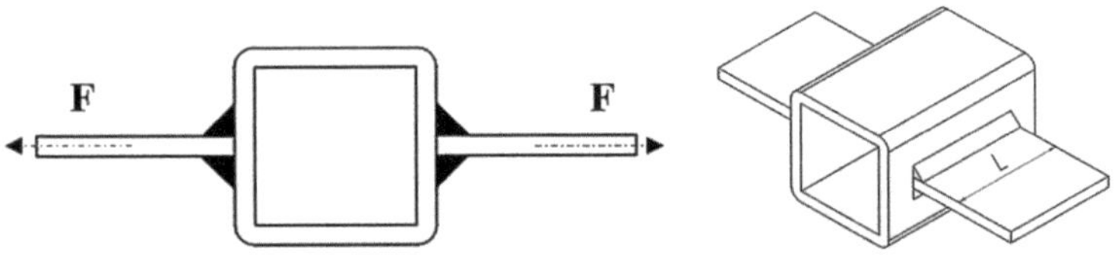

Fig 4.2: Assemblage soudé 1

Cas 2 : $F = 90\ 000\ N\ \&\ L_1 = 2 \times L_2$

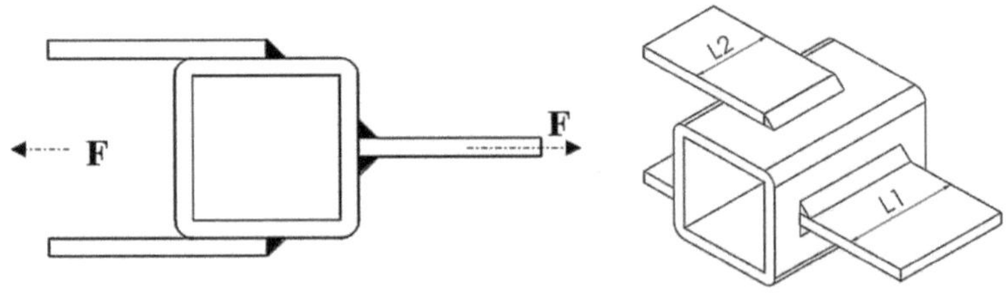

Fig 4.3: Assemblage soudé 2

Cas 3 : *F = 70 000 N*

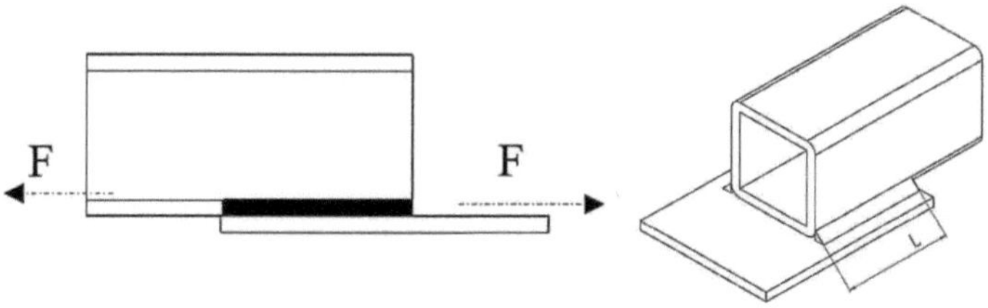

Fig 4.4: Assemblage soudé 3

La contrainte de cisaillement admissible vaut : $\tau_{adm\,MB} = 90MPa$ (acier AE 235) Le cordon à pour hauteur h_C =4,5 mm.

Exercice C.3 : Poinçonnage des tôles

Quelle force doit avoir une presse pour découper des disques de diamètre *20 mm* dans une tôle d'acier de *4 mm* d'épaisseur. On donne : $\tau_{rupture\,cis} = 280MPa$

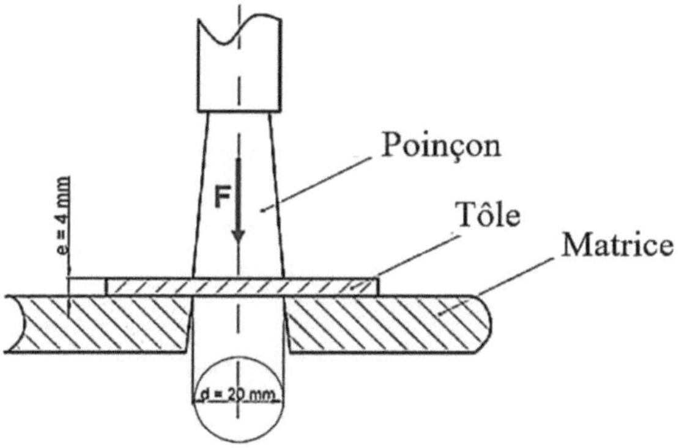

Fig 4.4: Presse de coupe

Exercice C.4 : Vérification des assemblages collés

Deux barres carrées de côte *a = 25 mm* en plastique assemblés par une colle spéciale de caractéristique : $\sigma_{adm} = 8MPa$ & $\tau_{adm} = 4.5MPa$

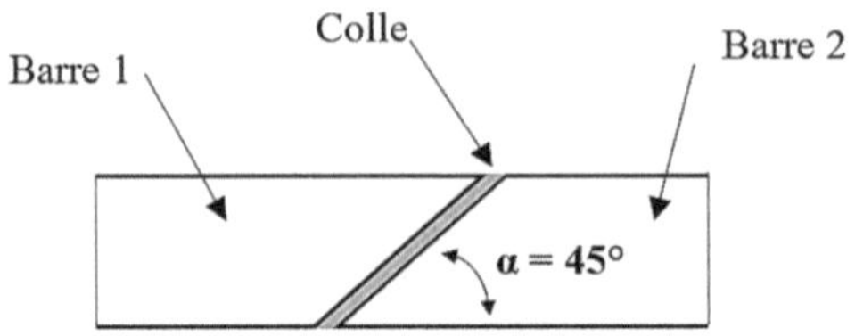

Fig 4.5: Assemblages collés

Quel est l'effort de traction maximale qui peut supporter cet assemblage.

Exercice C.5 : Dimensionnement d'une articulation

La liaison pivot entre le tirant 1 et la pièce 2 est réalisée par l'intermédiaire de l'axe 3 figure 4.6. L'action exercée par le tirant est *F =80 000 daN*. L'axe est en acier, dont la contrainte admissible au cisaillement est de *50 MPa*.

Calculer le diamètre minimal de l'axe 3.

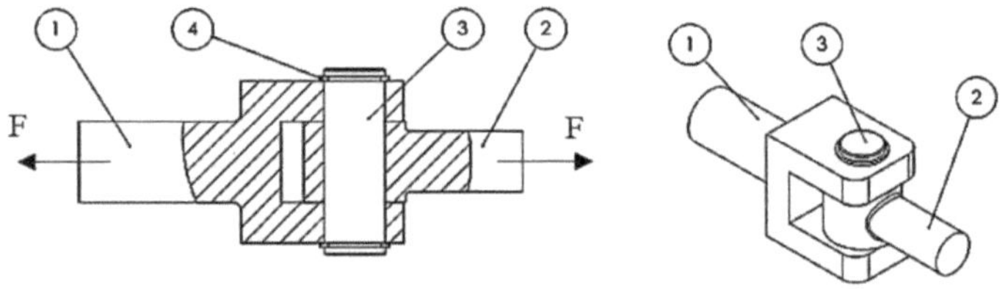

Fig 4.6: Modèle de l'assemblage

Exercice C.6 : Vérification des assemblages avec des rivets

On propose de réaliser la liaison de deux tôles figure 4.6 en aluminium de *8 mm* d'épaisseur au moyen de rivets on aluminium, supportant un effort de *200 KN*. Les rivets seront aussi en aluminium et la contrainte de cisaillement admissible sera de *80 MPa*.

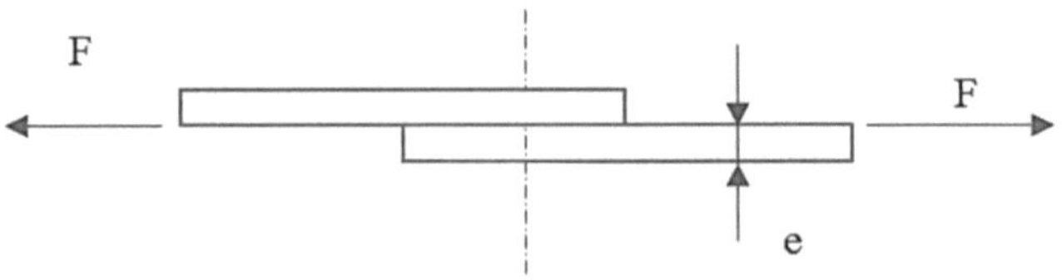

Fig 4.6 : Assemblage par rivets

1. Déterminer le diamètre des rivets
2. Déterminer le nombre de rivets
3. Déterminer diamètre des trous de rivets
4. Calculer la contrainte admissible dans la tôle
5. Calculer la largeur minimale de la tôle

2. Corrections

Correction C.1

Clavette normalisée pour un diamètre de 80 mm on a : *a =22 mm* et *b =14 mm*. Pour les matériaux ductiles (matériaux de la clavette), la limite élastique en cisaillement τ_e est égale à 58 % de la limite élastique R_e.

Calcule au cisaillement :

On a la contrainte admissible de cisaillement est :

$$\tau_{adm\,cis} = 0.58\frac{R_e}{s} = 98.6MPa$$

Force de cisaillement est : $F_{cis} = \dfrac{M_t}{d/2} = 35000N$

Condition de résistance au cisaillement :

$$\frac{F_{cis}}{S_{cis}} \leq \tau_{adm\,cis} \rightarrow \frac{F_{cis}}{l \times a} \leq \tau_{adm\,cis}$$

Donc :

$$\frac{F_{cis}}{\tau_{adm\,cis} \times a} \leq l$$

Application numérique :

$$l \geq 16.13mm$$

Calcule au matage :

Condition à la résistance au matage :

$$\frac{F_{cis}}{S_{mat}} \leq P_{mat} \rightarrow \frac{F_{cis}}{l \times b/2} \leq P_{mat}$$

Donc : $\frac{F_{cis}}{P_{mat} \times b/2} \leq l$

Application numérique : $l \geq 125mm$

Remarque :

Les longueurs des clavettes sont uniformisées dans l'industrie et toujours un multiple de *5 mm*. Cependant, pour concevoir la clavette, on évitera de prendre une longueur supérieure à deux fois le diamètre de l'arbre.
En d'autres termes :

$$l \leq 1.75 \times D \, à \, 2 \times D$$

Donc on prendra : $l = 125mm$

Correction C.2

Étude de cas 1

Condition de résistance :

$$\frac{T}{\sum S_c} \leq \tau_{adm\ MB}$$

D'où :

$$\frac{T}{4 \times L \times h_c} \leq \tau_{adm\ MB}$$

Donc :

$$\frac{T}{4 \times \tau_{adm\ MB} \times h_c} \leq L$$

Application numérique : $L \geq 55.55mm$

On peut prendre $L = 56\ mm$

Étude de cas 2

Condition de résistance :

$$\frac{T}{\sum S_c} \leq \tau_{adm\ MB}$$

D'où :

$$\frac{T}{2 \times L_2 \times h_c + L_1 \times h_c} \leq \tau_{adm\ MB} \quad (L_1 = 2 \times L_2)$$

$$\rightarrow \frac{T}{2 \times L_1 \times h_c} \leq \tau_{adm\ MB}$$

Donc :

$$\frac{T}{2 \times \tau_{adm\ MB} \times h_c} \leq L_1$$

Application numérique :

$$L_1 \geq 111.11 mm$$

On peut prendre :

$L_1 = 112\ mm$ & $L_2 = 56\ mm$.

Étude de cas 3

Condition de résistance :

$$\frac{T}{\sum S_c} \leq \tau_{adm\ MB}$$

D'où :

$$\frac{T}{2 \times L \times h_c} \leq \tau_{adm\ MB}$$

Donc : $\frac{T}{2 \times \tau_{adm\ MB} \times h_c} \leq L$

Application numérique : $L \geq 86.419 mm$

On peut prendre $L = 87\ mm$.

Correction C.3

On a la force de cisaillement de la tôle est : $F = l \times e \times \tau_{rupturecis}$

La contrainte de rupture en cisaillement est, en principe, égal à :

$$\tau_{rupturecis} = 0.58 \times R_m$$

Mais en fabrication, pour tenir compte de l'usure du tranchant des lames et des frottements, il est préférable de prendre :

$$\tau_{rupturecis} \approx R_m$$

$$F = d \times \pi \times e \times \tau_{rupturecis}$$

Application numérique :

$$F = 70371.66N$$

Correction C.4

Calcul des contraintes : L'équilibre du barre 2 dans la figure 4.7 nous permet de représenter les contraintes appliquées.

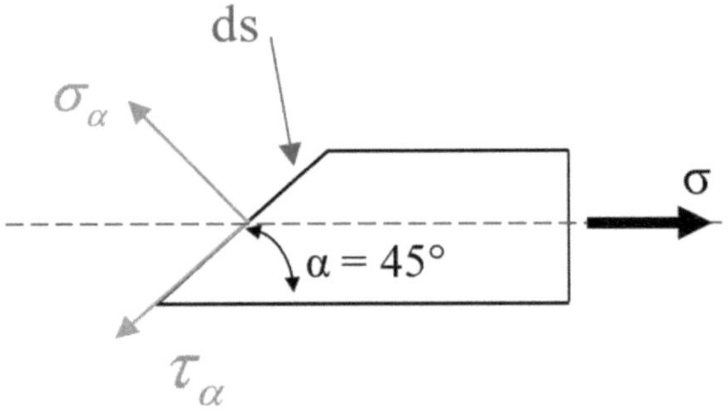

Fig 4.7 : Équilibre du barre 2

Projection des contraintes :

Composant normal :

$$\sigma ds \cos(\alpha) \times \cos(\alpha) + \sigma_\alpha ds = 0$$

Composant tangentiel :

$$\sigma ds \cos(\alpha) \times \sin(\alpha) + \tau_\alpha ds = 0$$

$$\text{Donne} \begin{cases} \sigma_\alpha = \sigma \cos(\alpha)^2 = \dfrac{\sigma}{2} \\ \tau_\alpha = \sigma \cos(\alpha) \times \sin(\alpha) = \dfrac{\sigma}{2} \end{cases}$$

$$\text{Conditions de résistance : } \begin{cases} \sigma_\alpha \leq \sigma_{adm} \\ \tau_\alpha \leq \tau_{adm} \end{cases}$$

Puisque $\tau_{adm} \leq \sigma_{adm}$ donc on prend la deuxième condition de résistance :

$$\tau_\alpha \leq \tau_{adm} \rightarrow \frac{\sigma}{2} \leq \tau_{adm} \rightarrow \sigma \leq 2 \times \tau_{adm}$$

$$\rightarrow \frac{F}{S} \leq 2 \times \tau_{adm} \rightarrow F \leq S \times 2 \times \tau_{adm}$$

Application numérique :

$$5625\,N \leq F$$

Correction C.5

Condition de résistance :

$$\tau \leq \tau_{adm}$$

Donne :

$$\frac{F}{2 \times \dfrac{\pi d^2}{4}} \leq \tau_{adm}$$

$$\rightarrow \sqrt{\frac{2 \times F}{\tau_{adm} \times \pi}} \leq d$$

Application numérique : $d \geq 100.925 mm$

Correction C.6

1. Diamètre des rivets : $d_{rivet} = \frac{45 \times e_{max}}{15 + e_{max}}$ (Formule de Hambourg)

D'où $d_{rivet} = \sqrt{50 \times e_{max}} - 4$

Application numérique : $d_{rivet} = 16mm$

2. Nombre de rivets :

$$n_{rivet} = 8 \times 10^{-4} \times \frac{F}{\tau_{adm\ rivet}} \left(\frac{15}{e_{max}} + 1 \right)^2$$ (Formule empirique).

Application numérique :

$n_{rivet} = 16.53 \rightarrow n_{rivet} = 17$

3. Diamètre des trous de rivets :

$d_{trou} = 1.05 \times d_{rivet}$ $à$ $1.1 \times d_{rivet}$

Prenons $d_{trou} = 1.05 \times d_{rivet} = 16.8mm \rightarrow d_{trou} = 17mm$

4. La contrainte admissible dans la tôle :

$$\tau_{adm\ cis} = 0.6 \times \sigma_{adm}$$

Application numérique :

$$\sigma_{adm} \frac{\tau_{adm\ cis}}{0.6} = \frac{80}{0.6} = 133.33MPa$$

5. La largeur minimale de la tôle :

Pour le calcul de la résistance en traction, on tient compte de la présence des trous en enlevant l'aire perdue, comme le montre la figure 4.8.

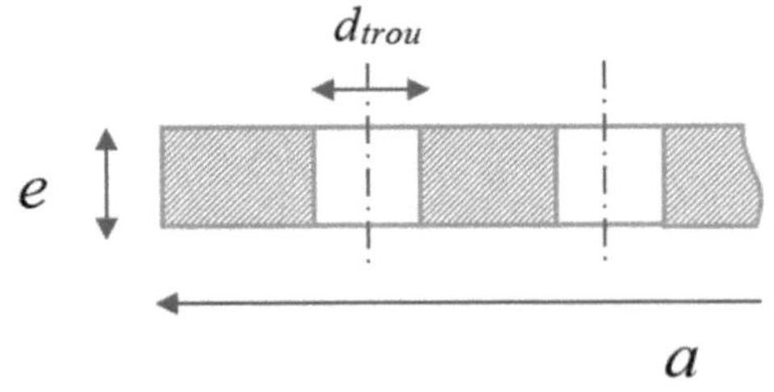

Fig 4.8 : Section de la tôle

On a la condition de résistance :

$$\sigma \leq \sigma_{adm} \rightarrow \frac{F}{S} \leq \sigma_{adm} \rightarrow \frac{F}{(a - n_{rivet} \times d_{trou})} \leq \sigma_{adm}$$

$$\rightarrow a \geq \frac{T}{\sigma_{adm} \times e} + n_{rivet} \times d_{trou}$$

Application numérique :

$$a \geq 476.5mm$$

Remarque :

La transmission des efforts dans un assemblage rivé bien conçu se fait principalement par frottement. Lorsque l'effort augmente, le frottement est progressivement vaincu. Les plats finissent par glisser par rapport aux couvre-joints.

Par sécurité, les rivets seront dimensionnés de manière à résister aux contraintes de cisaillement. D'autre part, il faudra veiller à éviter le matage des tôles. Mais il faut absolument éviter que le rivet ne travaille en traction.

Chapitre 5
Flambement

Dans cette partie, la série d'exercices concerne les calculs de vérification de la résistance vis-à-vis des contraintes normales de flambement. On y traite les problèmes des poutres supportant une charge normale de flambement.

1. Formules & Notes de cours

- Élancements d'une poutre : $\lambda = \dfrac{L}{\rho}$
  - ρ : rayon de giration de la section défini par : $\rho = \sqrt{\dfrac{I_{G\min}}{S}}$
  - $I_{G\min} = \min\,(I_{Gz}, I_{Gy})$
  - L : longueur libre de flambage

    $L = k \times l$:

    l : longueur de la poutre

    Le facteur K dépend du type d'appui pour les points d'application des forces.
    - K=1 pour une poutre sur 2 rotules
    - K=2 pour une poutre en encastrement - libre
    - K=0.5 pour une poutre encastrée - encastrée
    - K=0.7 pour une poutre encastrée - rotulée

- Élancements critiques d'Euler

$$\lambda_c^2 = \frac{\pi^2 E}{R_e}$$

- Force critique Formule d'Euler

$$F_{cr} = \frac{\pi^2 EI}{L^2}$$

- Force admissible Euler Rankine

Poutres courtes **λ < 20**	**Poutres moyennes** **20 < λ < 110**	**Poutres élancées** **λ >110**
Compression simple $F_{adm} = R_{pc} \times S$	Formule expérimentale de Rankine : $F_{adm} = \dfrac{R_{pc}.S}{1+\left(\dfrac{\lambda}{\lambda_c}\right)^2}$	Formule d'Euler $F_{adm} = \dfrac{R_{pc}.S}{2.\left(\dfrac{\lambda}{\lambda_c}\right)^2}$

- Contrainte admissible Euler Rankine

$$\sigma_{adm} = \frac{F_{adm}}{S}$$

- Condition de résistance :

$$\sigma \leq \sigma_{adm} \quad ou \quad F \leq F_{adm}$$

2. Exercices

Exercice FL.1 : Étude d'une poutre encastrée aux deux extrémités

Soit une colonne constituée par une poutrelle IPN de 4 m de hauteur encastrée aux deux extrémités de caractéristique : IPN : 160 × 74 × 6,3×9,5.

$$S = 22.8cm^2; \; \rho = 1.55cm; \; I_{g\min} = 54.7cm^4;$$

$$E = 210\times10^3 MPa; \quad R_e = 235MPa.$$

Si le coefficient de sécurité est de 3,5, calculez la charge admissible de flambage.

Exercice FL.2 : Étude d'une poutre articulée à ces extrémités

Soit une colonne en fonte de diamètre 120 *mm* et de 2 *m* de longueur articulée à ces extrémités. Quelles seront la charge critique et la charge de sécurité que l'on pourra appliquer ?
Caractéristique de la poutrelle :
Poutrelle : MES 45-7,

$$E = 180 \times 10^3 MPa; \quad R_e = 255 MPa; R_{pc} = 60 MPa$$

Exercice FL.3 : Étude d'une structure

Un système est constitué de deux colonnes (poutre en I) encastrées à leur base, supportant une poutre supposée infiniment rigide. L'objectif de cet exercice est de chercher la charge maximale que peut supporter cette structure.

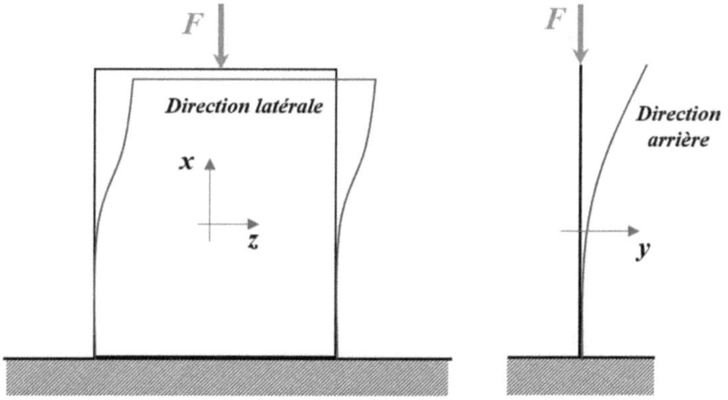

Fig 5.1 : Modèle de la structure

Comme indiquent les figures suivantes, on peut identifier deux mécanismes de flambement, l'un dans la direction latérale et l'autre dans la direction arrière.

On donne :

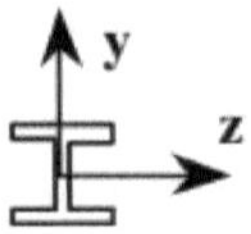

Fig 5.2: Section de la poutre

$$S = 2960\,mm^2;\; I_{GZ} = 9.18\,mm^4;$$
$$I_{GY} = 4.88\,mm^4; E = 200\times 10^3\,MPa;$$
$$R_e = 200MPa; L = 4m.$$

Calculer la charge maximale qui peut supporter cette structure.

3. Corrections

Correction FL.1

On calcule l'élancement critique de la poutre :

$$\lambda_c = \pi\sqrt{\frac{E}{R_e}} = 93.9$$

On calcule l'élancement de la poutre :

Poutre encastrée - encastrée :

$$\lambda = \frac{L}{\rho} = \frac{4000\times 0.5}{15.5} = 129$$

Donc on a :

$\lambda > 110 \rightarrow$ Théorie d'Euler :

Charge critique d'Euler sans coefficient de sécurité est :

$$F_c = \frac{R_e.S}{2\times\left(\dfrac{\lambda}{\lambda_c}\right)^2}$$

Application numérique :

$$F_c = \frac{235\times 2280}{2\times 1.374^2} = 11905.5N$$

La charge admissible de flambage est :

$$F_{adm} = \frac{F_c}{s} = \frac{11905.5}{3.5} = 3401.5N$$

Correction FL.2

On calcule l'élancement critique de la poutre :

$$\lambda_c = \pi\sqrt{\frac{E}{R_e}} = 83.46$$

On calcule l'élancement de la poutre :
Poutre articulée - articulée :

$$\lambda = \frac{L}{\rho} = \frac{l \times 1}{\sqrt{\frac{I_{\min}}{S}}}$$

Avec :

$$\sqrt{\frac{I_{\min}}{S}} = \sqrt{\frac{\frac{\pi d^4}{64}}{\frac{\pi d^2}{4}}} = \frac{d}{4}$$

On obtient alors :

$$\lambda = \frac{4 \times l}{d} = 66.66$$

Donc on a : $\lambda < \lambda_c \rightarrow$ Théorie Rankine

Charge critique de Rankine :

$$F_c = \frac{R_e.S}{1+\left(\frac{\lambda}{\lambda_c}\right)^2}$$

Application numérique :

$$F_c = \frac{255 \times \frac{\pi 120^2}{4}}{1+\left(\frac{66.66}{83.46}\right)^2} = 1761000N$$

Charge admissible de Rankine :

$$F_c = \frac{R_{pc}S}{1+\left(\frac{\lambda}{\lambda_c}\right)^2}$$

Application numérique : $F_c = 414000N$

Correction FL.3 :

Flambement vers l'arrière :

On calcule l'élancement de la poutre :

Poutre encastrée - libre :

$$\lambda = \frac{L}{\rho} = \frac{l\times 2}{\sqrt{\frac{I_z}{S}}}$$

Application numérique :

$$\lambda = \frac{4000\times 2}{\sqrt{\frac{9.18\times 10^6}{2960}}} = 143.6$$

Flambement vers latéral :

On calcule l'élancement de la poutre :

Poutre encastrée - encastrée :

$$\lambda = \frac{L}{\rho} = \frac{l\times 1}{\sqrt{\frac{I_y}{S}}}$$

Application numérique :

$$\lambda = \frac{4000\times 1}{\sqrt{\frac{4.88\times 10^6}{2960}}} = 98.5$$

Charge maximale :

Le coefficient d'élancement ayant une valeur maximale pour le flambement vers l'avant, il s'agit du cas le plus défavorable. On peut alors déterminer la charge critique supportée par une colonne :

On a :

$$\lambda_c = \pi\sqrt{\frac{E}{R_e}}$$

Application numérique :

$$\lambda_c = \pi\sqrt{\frac{200\times 10^3}{200}} = 99.34$$

Donc on a : $\lambda > \lambda_c \rightarrow$ Théorie Euler

$$F_c = \frac{R_e.S}{2\times\left(\frac{\lambda}{\lambda_c}\right)^2}$$

Application numérique :

$$F_c = \frac{200\times 2960}{2\times\left(\frac{143.6}{99.34}\right)^2} = 141671.52N$$

Comme chaque colonne supporte la moitié de la charge totale appliquée, donc la charge maximale qui peut supporter cette structure est :

$$F_{\max} = 141671.52\times 2 = 283309N$$

Chapitre 6
Sollicitations composées

Dans cette partie, on s'intéresse aux calculs de vérification de la résistance vis-à-vis des sollicitations composées. On y traite les problèmes des arbres de transmission aussi les poutres sous l'effet des forces de compression et de flexion.

1. Formules & Notes de cours

- Torseur des efforts intérieurs

$$\{T_{coh}\} = \begin{Bmatrix} N & M_t \\ T_y & M_{fy} \\ T_z & M_{fz} \end{Bmatrix}$$

$T = \sqrt{T_z^2 + T_y^2}$: Effort tranchant résultant.

$M_f = \sqrt{M_{fz}^2 + M_{fy}^2}$: Moment fléchissant résultant.

$M_{ti} = \sqrt{M_t^2 + M_f^2}$: Moment de torsion idéal.

- Contrainte tangentielle de flexion : $\tau = \dfrac{T.W_{Gz}}{bI_{(G,z)}}$

Avec W_{Gz} : représente le moment statique de la surface par rapport à l'axe *(G, z)* & *b* la largeur de la surface.

- Contrainte normale de flexion : $\sigma = \dfrac{M_f}{I_{(G,z)}}.y$
- Contrainte normale d'extension : $\sigma = \dfrac{N}{S}$.
- Contrainte tangentielle de torsion : $\tau = \dfrac{M_t}{I_g}.y$
- Contrainte normale : $\sigma_x = \sigma_{xf} + \sigma_{xt}$

σ_{xf} : Contrainte normale de flexion

σ_{xt} : Contrainte normale d'extension

- Contrainte tangentielle : $\tau = \sqrt{\tau_{yz}^2 + \tau_{xz}^2}$

τ_{yz} : Contrainte tangentielle de flexion

τ_{xz} : Contrainte tangentielle de torsion

L'expérience montre que la contribution réelle de la contrainte tangentielle de flexion est faible, ce qui conduit à la négliger.

Donc : $\tau = \tau_{xz}$

- Conditions de résistance :

  - *Théorie de la contrainte principale maximum (**Rankine**)*

$$\sigma_{\max} = \frac{1}{2}\left[\sigma_x + \sqrt{\sigma_x{}^2 + 4.\tau_{xz}{}^2}\right] \leq R_{pe}$$

Elle s'applique bien pour les matériaux fragiles pour lesquels $R_e \neq R_{eg}$

  - *Théorie de la contrainte de cisaillement maximale **Tresca***

$$\tau_{\max i} = \frac{1}{2}\sqrt{\sigma_x{}^2 + 4\tau_{xz}{}^2} \leq R_{pg} \quad ou \quad \sqrt{\sigma_x{}^2 + 4\tau_{xz}{}^2} \leq R_{pe}$$

Elle s'applique bien pour les matériaux ductiles pour lesquels $\dfrac{R_e}{R_{eg}} = 2$.

- *Théorie de la déformation maximum (**Saint Venant**)*

$$\frac{1}{2}\left((1-\gamma)\sigma_x + (1+\gamma)\sqrt{\sigma_x^{\,2} + 4.\tau_{xz}^{\,2}}\right) < R_e$$

$$\left(\gamma : coefficient\ de\ Poisson \approx 0.3\ pour\ les\ métaux\right)$$

Théorie bien vérifiée pour les matériaux durs et fragiles pour lesquels

$$\frac{R_e}{R_{eg}} = \frac{5}{4}$$

- *Théorie de l'énergie totale de déformation (**Beltrami**)*

$$\sqrt{\sigma_x^{\,2} + 2(1+\gamma)\tau_{xz}^{\,2}} \leq R_{pe}$$

Elle s'applique bien aux matériaux ductiles pour lesquels $R_{eg} = R_e$

- *Théorie de l'énergie unitaire maximum de cisaillage (**Von Mises, Hencky, Nadal**)*

$$\sqrt{\sigma_x^{\,2} + 3\times\tau_{xz}^{\,2}} \leq R_{pe}$$

Elle s'applique bien aux matériaux ductiles pour lesquels $R_{eg} = R_e$

- *Théorie de Mohr-Caquot (flexion & torsion)*

Le moment idéal de flexion est défini par la formule générale de Mohr-Caquot

$$M_{fi} = (1-\frac{1}{2\lambda})M_f + \frac{1}{2\lambda}\sqrt{M_f^{\,2} + M_{ti}^{\,2}}$$

Avec $\lambda = \dfrac{R_{eg}}{R_e}$

La condition de résistance :

$$\sigma = \frac{M_{fi}}{\left(\dfrac{I_{Gz}}{Y_{max}}\right)} \leq R_{Pe}$$

- *Cas de concentration de contrainte*

$$\sigma_x = k_{tf}\frac{M_f}{\frac{I_{(G,z)}}{v}} + k_{tt}\frac{N}{S} \quad \& \quad \tau_{xz} = k_{to}\frac{M_t}{\frac{I_g}{v}}.$$

Avec :

k_{to} : coefficient de concentration de contrainte en torsion.

k_{tt} : coefficient de concentration de contrainte en extension.

k_{tf} : coefficient de concentration de contrainte en flexion.

2. Exercices

Exercice S.C 1 : Dimensionnement d'un arbre d'une pompe

La figure 6.1 suivante représente la modélisation d'un arbre d'une pompe guidé en rotation par deux roulements à contact oblique.

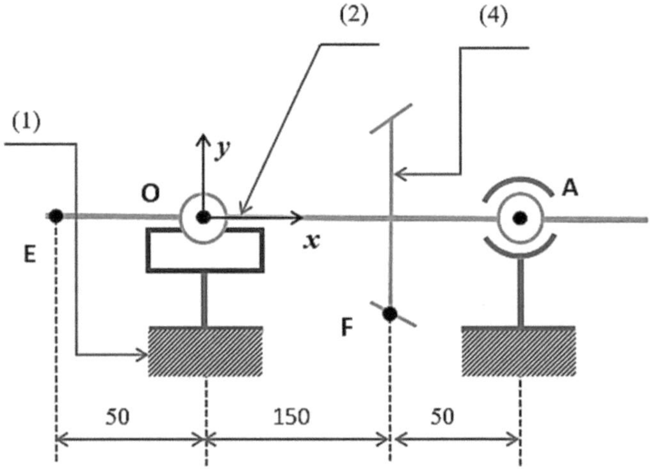

Fig 6.1 :Modélisation de l'arbre de la pompe

L'arbre **(2)** est en liaison pivot avec le bâti **(1).** Cette liaison est réalisée par deux roulements à contact oblique situés en O et A. L'arbre est entraîné par un moteur non représenté en E. l'énergie mécanique qui est fournie par le moteur électrique est transmise par engrenage pignon à denture hélicoïdale **(4)** et roue **(5)** non représenté. Les actions de liaison en E et F, dues à la transmission de puissance, sont définies par les torseurs suivants :

$$\{\tau_{5/4}\} = \begin{Bmatrix} F_T \tan(\beta) & 0 \\ F_T \tan(\alpha_n)/\cos(\beta) & 0 \\ F_T & 0 \end{Bmatrix}_F \quad \{\tau_{m/2}\} = \begin{Bmatrix} 0 & C_m \\ 0 & 0 \\ 0 & 0 \end{Bmatrix}_E$$

On donne les caractéristiques de la roue 4 :

Nombre de dents :	$Z_4 = 50$
Module apparent :	$m_t = 2{,}07$
Angle de pression réel ou normal :	$\alpha_n = 20°$
Angle d'inclinaison de l'hélice :	$\beta = 15°$

Moteur électrique :

Couple moteur :	C_m
Vitesse de rotation :	$N_m = 1550$ tr/min
Puissance :	$P_m = 20$ KW

Étude statique

1. Calculer le couple supposé constant à transmettre par l'arbre (2).

2. Calculer les efforts transmis par le pignon (4) $\{\tau_{5/4}\}$.

3. Le roulement en O est modélisé par une liaison linéaire annulaire et celui en A par une liaison rotule.

a. Préciser la forme des torseurs des actions de liaison en A et O.

b. Écrire le système d'équations résultant de l'application du principe fondamental de la statique.

c. Calculer les inconnues de liaison.

d. En vue d'un calcul de dimensionnement des deux roulements, déduire les charges radiales et axiales agissant sur chacun des roulements.

Résistance et dimensionnement

4. Déterminer les expressions des efforts intérieurs en fonction de x.

5. Tracer les diagrammes correspondants.

6. En déduire les valeurs maximales du moment fléchissant, le moment de torsion et l'effort normal.

Les caractéristiques de l'arbre (2) sont : $R_e = 640\ MPa$, $\tau_e = 280\ MPa$. On adopte pour cette construction un coefficient de sécurité $s = 6$.

7. Calculer le diamètre minimal de l'arbre (2).

Exercice S.C 2 : vérification d'une poutrelle

Dans cet exercice on s'intéresse à l'étude d'une poutre en acier qui supporte deux parties d'une toiture. Cette poutre est considérée comme encastrée à une extrémité et libre à l'autre.

Fig 6,2 Poutrelle en IPN

On donne :

Poutrelles IPN 280

Caractéristiques géométriques :

$$S = 6110\ mm^2;\ I_{GZ} = 7590\ cm^4; \frac{I_{GZ}}{v_z} = 542 cm^3; v_z = 59.5 mm$$

$$I_{GY} = 364\ cm^4; \frac{I_{GY}}{v_y} = 61.2 cm^3; L = 6m; v_y = 140 mm$$

Caractéristique du matériau employé :

$$E = 210 \times 10^3\ MPa; R_e = 220 MPa;$$

Coefficient de sécurité adopté : $s = 5;$

Cette poutre est soumise à deux forces en A et B de compression, comme le montre la figure 6.3.

soit : $\overrightarrow{OA} = -a\vec{x} + e_2\vec{y}; \overrightarrow{OB} = -a\vec{x} - e_1\vec{y}$

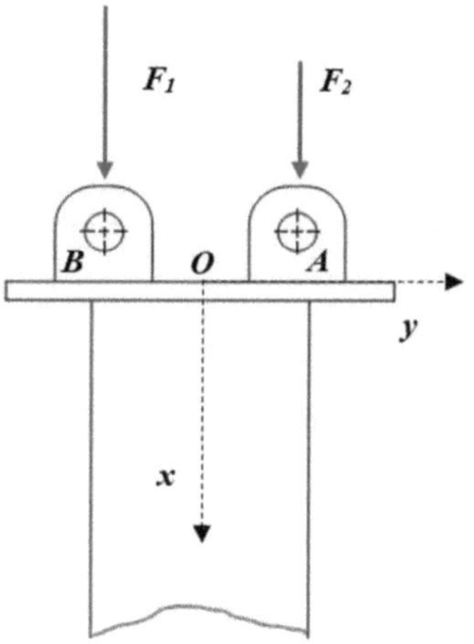

Fig 6.3 : Modelle de la poutrelle

1. Calculer le torseur de cohésion le long de la poutre.
2. En déduire la nature des sollicitations.
3. Vérifier la résistance de la poutre :
   On donne :
   $F_1 = 10000N; F_2 = 2000N; e_1 = e_2 = 200mm$
4. Pour quelle valeur de e_1 la poutre soit sollicitée qu'à la compression.
5. Vérifier la poutre au flambage dans ce cas.

3. Corrections

Correction S.C 1

1. Couple à transmettre par l'arbre est : $C_m.\frac{2\pi N}{60} = P_m \rightarrow C_m = \frac{60P_m}{2\pi N}$

Application numérique : $C_m = 123N.m$

2. Calcul des efforts transmis par le pignon (4) :

Calcul de la force tangentielle : F_T

On a : $F_T = \frac{C_m}{R}$

Avec : $R=\frac{d}{2}=\frac{m_t Z_4}{2}$ donne $F_T=\frac{2.C_m}{m_t Z_4}$

Application numérique : $F_T = 2377N$

Alors, on déduit le torseur de force transmis par le pignon (4) :

$$\{\tau_{5/4}\}=\begin{Bmatrix} F_T\tan(\beta) & 0 \\ F_T\tan(\alpha_n)/\cos(\beta) & 0 \\ F_T & 0 \end{Bmatrix}_F = \begin{Bmatrix} 637 & 0 \\ 896 & 0 \\ 2377 & 0 \end{Bmatrix}_F$$

3.a Torseurs des actions de liaison en A et O

$$\{\tau_o\}=\begin{Bmatrix} 0 & 0 \\ Y_o & 0 \\ Z_o & 0 \end{Bmatrix}_O ;\{\tau_A\}=\begin{Bmatrix} X_A & 0 \\ Y_A & 0 \\ Z_A & 0 \end{Bmatrix}_A$$

3.b PFS on O donne :

$$\{\tau_o\}+\{\tau_A\}+\{\tau_{5/4}\}=\{0\}$$

Réduction des torseurs au point O :

$$\{\tau_{5/4}\}=\left\{\begin{array}{c|c} 637 & \\ 896 & \begin{pmatrix} 150 \\ -51.75 \\ 0 \end{pmatrix} \wedge \begin{pmatrix} 637 \\ 896 \\ 2377 \end{pmatrix} \\ 2377 & \end{array}\right\}_O = \left\{\begin{array}{c|c} 637 & -123010 \\ 896 & -356550 \\ 2377 & 167365 \end{array}\right\}_O$$

$$\{\tau_A\} = \begin{Bmatrix} X_A \\ Y_A \\ Z_A \end{Bmatrix} \left| \begin{pmatrix} 200 \\ 0 \\ 0 \end{pmatrix} \wedge \begin{pmatrix} X_A \\ Y_A \\ Z_A \end{pmatrix} \right\}_O = \left\{ \begin{matrix} X_A \\ Y_A \\ Z_A \end{matrix} \middle| \begin{matrix} 0 \\ -200Z_A \\ 200Y_A \end{matrix} \right\}_O$$

Le PFS donne le système d'équations :

$$\begin{cases} X_A + 637 = 0 \\ Y_o + Y_A + 896 = 0 \\ Z_o + Z_A + 2377 = 0 \\ -200Z_A - 356550 = 0 \\ 200Y_A + 167345 = 0 \end{cases}$$

3.c : calcul des inconnues statiques :

$$\begin{cases} X_A = -637 \\ Y_o = -59 \\ Z_o = -594 \\ Z_A = -1783 \\ Y_A = -837 \end{cases}$$

3.d : Calcul des efforts axiaux et radiaux pour chaque roulement :

- Pour le roulement en O :

$$F_r = \sqrt{Y_o^2 + Z_o^2} = 597N$$

$$F_a = 0$$

- Pour le roulement en A :

$$F_r = \sqrt{Y_A^2 + Z_A^2} = 1970N$$

$$F_a = X_A = 637N$$

4. Calcul des torseurs de cohésion :

Notre arbre sera décomposé en trois tronçons.

Zone 1 : (EO)

$$\{\tau_{coh\acute{e}1}\} = \begin{Bmatrix} 0 & -Cm \\ 0 & 0 \\ 0 & 0 \end{Bmatrix}_G$$

Zone 2 : (OF)

$$\{\tau_{coh\acute{e}2}\} = \begin{Bmatrix} 0 & -Cm \\ 0 & 0 \\ 0 & 0 \end{Bmatrix}_G - \begin{Bmatrix} 0 \\ Y_o \\ Z_o \end{Bmatrix. \begin{pmatrix} -x \\ 0 \\ 0 \end{pmatrix} \wedge \begin{pmatrix} 0 \\ Y_o \\ Z_o \end{pmatrix} \Bigg\}_G = \begin{Bmatrix} 0 & -Cm \\ -Y_o & -xZ_o \\ -Z_o & xY_o \end{Bmatrix}_G$$

Zone 3 : (FA)

$$\{\tau_{coh\acute{e}3}\} = \begin{Bmatrix} X_A \\ Y_A \\ Z_A \end{Bmatrix. \begin{pmatrix} (200-x) \\ 0 \\ 0 \end{pmatrix} \wedge \begin{pmatrix} X_A \\ Y_A \\ Z_A \end{pmatrix} \Bigg\}_G = \begin{Bmatrix} X_A & 0 \\ Y_A & -(200-x)Z_A \\ Z_A & (200-x)Y_A \end{Bmatrix}_G$$

5. Diagramme des efforts intérieurs :

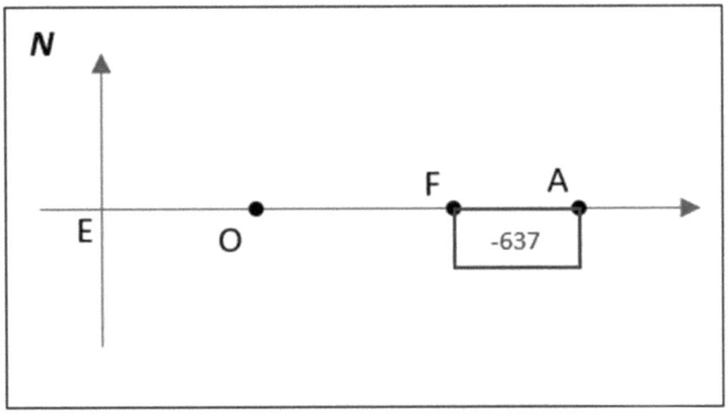

Fig 6.2 : Diagramme de l'effort normal *N*

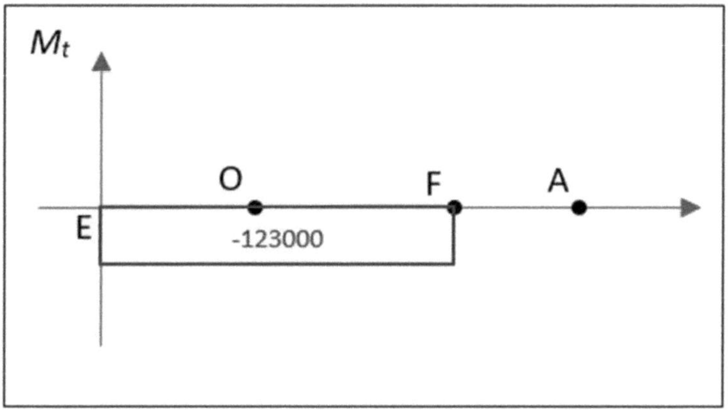

Fig 6.3 : Diagramme de moment de torsion M_T

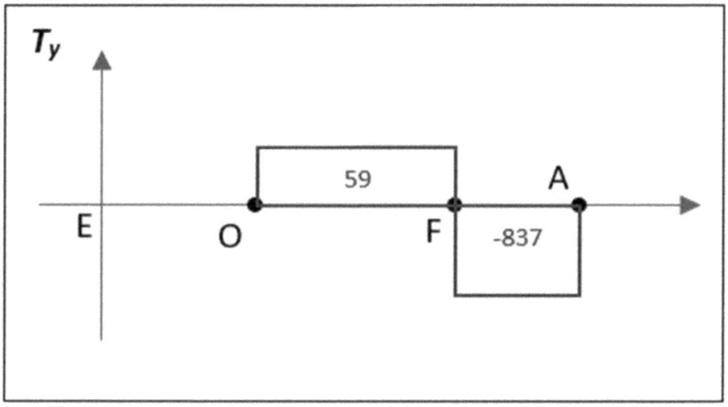

Fig 6.4 : Diagramme de l'effort tranchant T_y

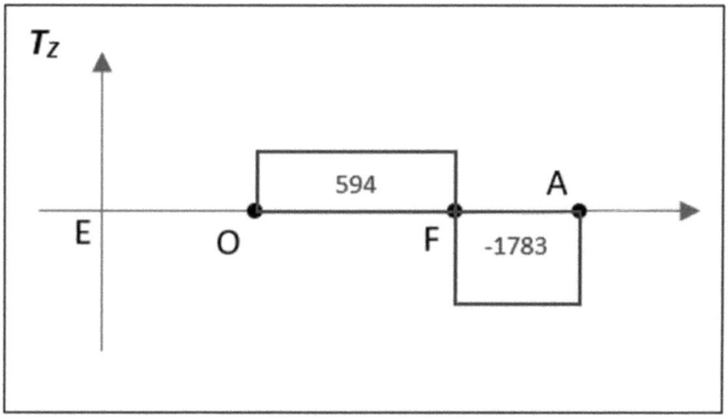

Fig 6.5 : Diagramme de l'effort tranchant T_z

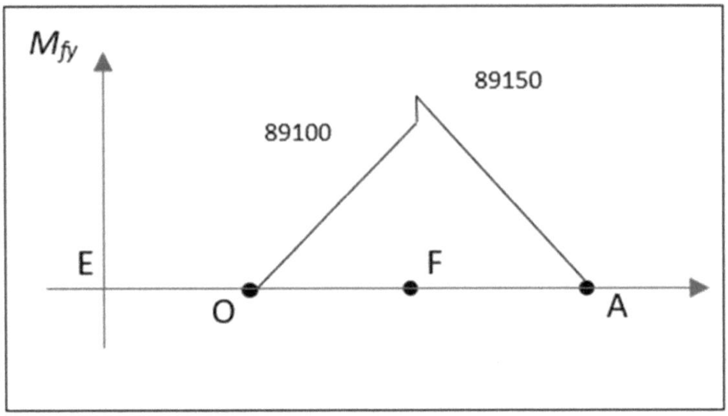

Fig 6.6 : Diagrammes de moments de flexion M_{Fy}

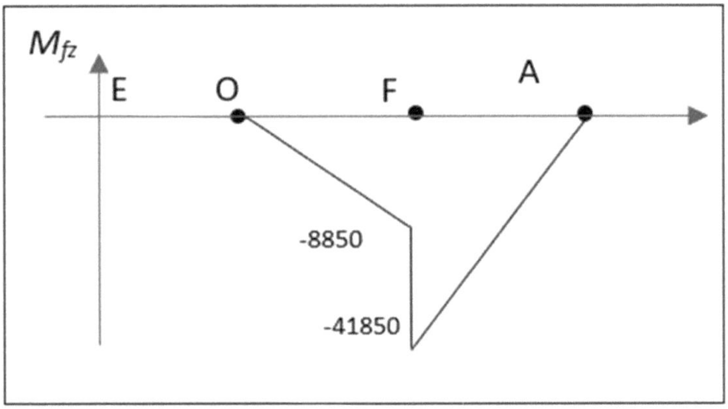

Fig 6.7 : Diagrammes de moment de flexion M_{Fz}

6. La section la plus sollicitée est au niveau du point F.

On déduit alors :

$$N_{\max} = 637N$$
$$M_{t\max} = 123000Nmm$$
$$M_{f\max} = \sqrt{89150^2 + 41850^2} = 98484Nmm$$

7. Vérification à la flexion & torsion par la théorie de **Mohr-Cacquot**.

On a :

$$\lambda = \frac{R_{pg}}{R_{pe}}$$

Application numérique : $\lambda = \frac{280}{640} = 0.4375$

$$M_{ti} = \sqrt{M_f^2 + M_t^2}$$

Application numérique :

$$M_{ti} = \sqrt{123000^2 + 98484^2} = 157569 Nmm$$

$$M_{fi} = \left(1 - \frac{1}{2\lambda}\right) M_f + \frac{1}{2\lambda} M_{ti}$$

Application numérique :

$$M_{fi} = 166010 Nmm$$

Condition de résistance :

$$\frac{M_{fi}}{\frac{I_{Gz}}{v}} \leq R_{pe}$$

Calcul de diamètre :

$$\frac{M_{fi}}{\frac{I_{Gz}}{v}} \leq R_{pe}$$

$$\rightarrow \frac{32 M_{fi}}{\pi d^3} \leq R_{pe}$$

$$\rightarrow d \geq \sqrt[3]{\frac{32 M_{fi}}{\pi R_{pe}}}$$

Application numérique :

$$d \geq 25.12 mm$$

Conclusion :

On va Choisir un diamètre *d = 30 mm* diamètre standard pour les roulements

Correction S.C 2

1. En déduit le torseur des forces au point O.

$$\{\tau_0\} = \left\{ \begin{matrix} F_1 + F_2 \\ 0 \\ 0 \end{matrix} \middle| \begin{pmatrix} -a \\ -e_1 \\ 0 \end{pmatrix} \wedge \begin{pmatrix} F_1 \\ 0 \\ 0 \end{pmatrix} + \begin{pmatrix} -a \\ e_2 \\ 0 \end{pmatrix} \wedge \begin{pmatrix} F_2 \\ 0 \\ 0 \end{pmatrix} \right\}_O$$

Donne :

$$\{\tau_0\} == \left\{ \begin{matrix} F_1 + F_2 \\ 0 \\ 0 \end{matrix} \middle| \begin{matrix} 0 \\ 0 \\ e_1 F_1 - e_2 F_2 \end{matrix} \right\}_O$$

On calcule le torseur de cohésion.

$$\{\tau_{coh}\} = -\left\{ \begin{matrix} F_1 + F_2 \\ 0 \\ 0 \end{matrix} \middle| \begin{pmatrix} 0 \\ 0 \\ e_1 F_1 - e_2 F_2 \end{pmatrix} + \begin{pmatrix} -x \\ 0 \\ 0 \end{pmatrix} \wedge \begin{pmatrix} F_1 + F_2 \\ 0 \\ 0 \end{pmatrix} \right\}_G$$

Donne :

$$\{\tau_{coh}\} = -\left\{ \begin{matrix} F_1 + F_2 \\ 0 \\ 0 \end{matrix} \middle| \begin{matrix} 0 \\ 0 \\ e_1 F_1 - e_2 F_2 \end{matrix} \right\}_G$$

Donc, on peut conclure que le torseur de cohésion est constant.

2. D'après le torseur de cohésion, la poutre est soumise à la compression et de la flexion.

Condition de résistance est :

$$\sigma \leq R_{pe}$$

Avec :

$$\sigma = \frac{N}{S} + \frac{M_f}{\frac{I_{(G,z)}}{v}}$$

Application numérique :

$$\sigma = \frac{12000}{6110} + \frac{200\times10000 - 200\times2000}{542000} = 4.915MPa$$

On a : $R_{pe} = 44MPa$

On a bien : $4.915 \leq 44$ donc poutre vérifiée

3. La poutre sollicitée qu'à la compression, il faut que :

$$M_f = e_1F_1 - e_2F_2 = 0 \rightarrow e_1 = e_2\frac{F_2}{F_1}$$

Application numérique :

$$\rightarrow e_1 = 200\times\frac{2000}{10000} = 40mm$$

4. On calcule l'élancement critique de la poutre :

$$\lambda_c = \pi\sqrt{\frac{E}{R_e}} = 97.06$$

On calcule l'élancement de la poutre :
Poutre encastrée - libre :

$$\lambda = \frac{L}{\rho} = \frac{6000\times2}{\sqrt{\frac{3640000}{6110}}} = 491.6$$

Donc on a :

$\lambda > 110 \rightarrow$ Théorie d'Euler :

Charge critique d'Euler est :

$$F_c = \frac{R_{pe}.S}{2\times\left(\frac{\lambda}{\lambda_c}\right)^2}$$

Application numérique :

$$F_c = \frac{44\times6110}{2\times\left(\frac{496.1}{97.06}\right)^2} = 5145.2N$$

On a alors :

$$F_c = 5145.2N \leq F = 12000N$$

D'où la force appliquée est supérieure à la charge critique d'Euler : on a un grand risque de flambement.

Chapitre 7
Poutres hyperstatiques

Dans cette partie, la série d'exercices concerne les calculs des poutres hyperstatiques, les poutres dont les réactions aux appuis ne peuvent pas être déterminées par les seules équations de la statique. Le degré d'hyperstatique de la poutre est égal au nombre d'inconnues surabondantes par rapport aux équations d'équilibre de la statique. Les exemples de systèmes hyperstatiques sont nombreux : la majorité des poutres de génie civil sont hyperstatiques, les poutres continuent sur plusieurs appuis, les poutres encastrées et appuyer sur plusieurs appuis…

1. Formules & Notes de cours

✓ Méthodes de résolution

Pour déterminer les réactions des poutres hyperstatiques, on utilise des équations supplémentaires établies par l'équation différentielle de la déformée aux conditions d'appuis qui permettent non seulement de déterminer les constantes d'intégration, mais aussi d'avoir pour chaque inconnue surabondante une équation supplémentaire. On obtient ainsi les équations nécessaires à la résolution du système, dans ce chapitre, on va présenter 3 méthodes.

✓ Méthode des paramètres initiaux (méthode par intégration)

C'est une étude directe de la déformation des poutres du système. Les déformations sont exprimées en fonction de certains efforts de liaison inconnus, pris comme paramètres. Les équations complémentaires sont obtenues par l'écriture des conditions géométriques imposées par la configuration du système mécanique : il doit y avoir compatibilité des déformations des éléments du système, et respect des conditions aux limites (raccordement des poutres avec le bâti indéformable).

- ✓ La méthode de superposition des effets des forces

Énoncé du principe de superposition :

Dans la limite des déformations élastiques, l'effet produit par plusieurs actions mécaniques est égal à la somme des effets produits par ces actions mécaniques prises séparément.

Le principe de superposition peut alors être utilisé pour décomposer un chargement complexe en plusieurs chargements simples afin de faciliter le calcul de la flèche ou de l'élongation d'une poutre. Au lieu de faire une étude directe de la déformation du système étudié, on le décompose en système isostatique. On étudie les déformations de ces systèmes, et on impose des conditions géométriques de façon que la superposition des systèmes isostatiques soit équivalente au système hyperstatique du départ.

- ✓ Méthode énergétique

C'est une étude de la déformation des poutres par la détermination de l'énergie linéique élastique et l'application du théorème de Castigliano & **Ménabréa**. Les déformations sont exprimées en fonction de certains efforts de liaison inconnus, pris comme paramètres. Les équations complémentaires sont obtenues par l'écriture de théorème de Castigliano & Ménabréa imposées par la configuration du système mécanique étudié.

- ✓ Théorème de **Castigliano & Ménabréa**

Dans un système hyperstatique sur appui rigide, les réactions hyperstatiques dues aux liaisons surabondantes ne travaillent pas pendant la déformation du système. Les dérivées partielles du potentiel par rapport aux réactions hyperstatiques R_i sont donc nulles :

$$\frac{dW_e}{dR_i} = 0$$

Avec : L'Énergie élastique linéique dans la poutre est :

$$W_e = \frac{1}{2}\int_0^L \left(\frac{M_f^2}{EI_{Gz}}\right)dx = \frac{1}{2EI_{Gz}}\int_0^L \left(M_f^2\right)dx$$

2. Exercices

Exercice P.h 1 : Poutre encastrée-encastrée

La figure 7.1 suivante représente une poutre horizontale de Longueur L, encastrée à ses deux extrémités en A et B. Elle supporte une charge concentrée F au milieu en C. Le repère $R\left(A,\vec{x},\vec{y},\vec{z}\right)$ est tel que $\left(A,\vec{x}\right)$ est porté par la ligne moyenne de la poutre.

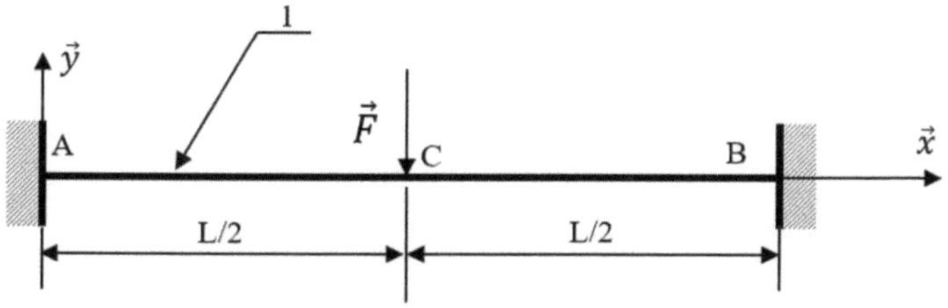

Fig 7.1 : Modèle de la poutre

Hypothèse :

Problème plan.
Géométrie parfaite.

On désire calculer les inconnues des liaisons en utilisant la méthode d'intégration.

1. Isoler la poutre et représenter les actions mécaniques :
2. Appliquer le PFS :
3. En déduire les inconnus statiques et leur nombre (ns) ;
4. Déduire le nombre d'équations scalaires (r) ;
5. Calculer le degré d'hyperstatisme (h) du système et conclure.
6. Déterminer l'expression de déformée de la zone [AC].

7. En appliquant les conditions aux limites, calculer les inconnues hyperstatiques de liaison.

On désire maintenant calculer les inconnues des liaisons en utilisant la méthode de superposition.

8. Proposer les configurations isostatiques équivalentes au problème initial.

9. Définir la ou les conditions nécessaires pour résoudre le système hyperstatique.

10. Déterminer les inconnus statiques.

Exercice P.h 2 : Poutre encastrée appuyer

La figure 7.2 suivante représente une poutre horizontale de Longueur L, encastrée en A et appuyer en B. Elle supporte une charge concentrée $\left(\vec{F}\right)$ en C. Le repère $R\left(A,\vec{x},\vec{y},\vec{z}\right)$ est tel que $\left(A,\vec{x}\right)$est porté par la ligne moyenne de la poutre.

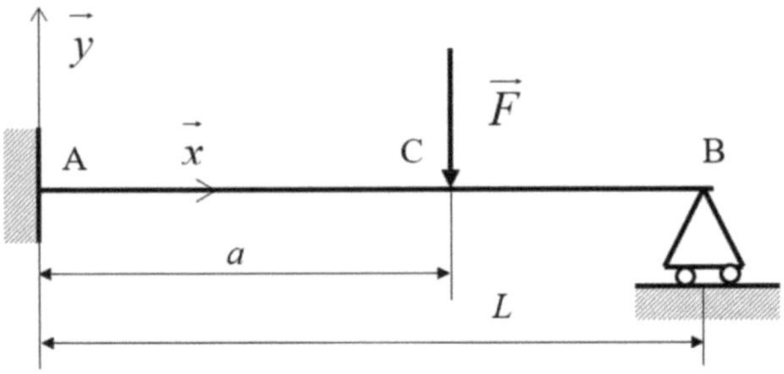

Fig 7.2 : Modèle de la poutre

Hypothèse :

Problème plan.
Géométrie parfaite.

On désire calculer les inconnues des liaisons en utilisant la méthode de superposition. Pour cela ce système hyperstatique sera décomposé en deux configurations isostatiques.

1. Isoler la poutre et représenter les actions mécaniques :

2. Appliquer le PFS :

3. En déduire les inconnus statiques et leur nombre (ns) ;

4. Déduire le nombre d'équations scalaires (r) ;

5. Calculer le degré d'hyperstatisme (h) du système et conclure.

6. Proposer deux configurations isostatiques équivalentes au problème initial.

7. Définir la ou les conditions nécessaires pour résoudre le système hyperstatique.

8. Déterminer les inconnus statiques.

On désire maintenant calculer les inconnues des liaisons en utilisant la méthode énergétique.

9. Calculer le moment fléchissant dans la poutre AB.

10. Exprimer les moments fléchissants en fonction de $\left(R_B\right)$

11. Donner l'expression de l'énergie linéique élastique dans la poutre si on néglige les énergies dues à l'effort tranchant :

12. Appliquer le théorème de Ménabréa en B.

13. Déterminer les inconnus statiques.

Exercice P.h 3 : Poutre sur quatre appuis

La figure 7.3 suivante représente une poutre horizontale de Longueur L, sur quatre appuis de section constante de diamètre *d*, soumise à une charge répartie *q [N/m]*. Le repère $R\left(A,\vec{x},\vec{y},\vec{z}\right)$ est tel que $\left(A,\vec{x}\right)$ est porté par la ligne moyenne de la poutre.

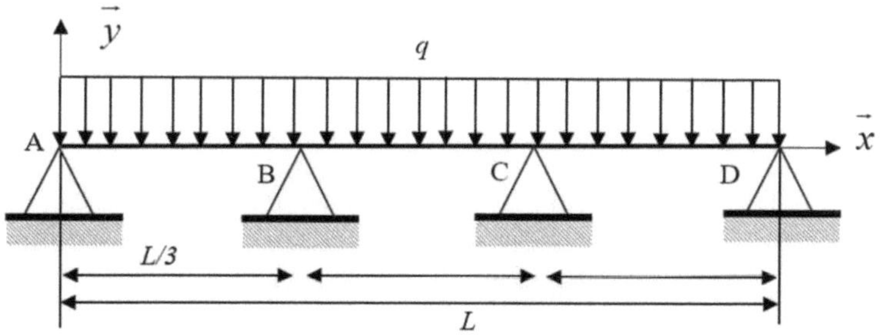

Fig 7.3 : Modèle de la poutre

Hypothèse :

Problème plan.

Géométrie parfaite.

On désire calculer les inconnues des liaisons en utilisant la méthode de superposition. Pour cela ce système hyperstatique sera décomposé en des configurations isostatiques.

1. Isoler la poutre et représenter les actions mécaniques :
2. Appliquer le PFS :
3. En déduire les inconnus statiques et leur nombre (ns) ;
4. Déduire le nombre d'équations scalaires (r) ;
5. Calculer le degré d'hyperstatisme (h) du système et conclure.
6. Proposer les configurations isostatiques équivalentes au problème initial.
7. Définir la ou les conditions nécessaires pour résoudre le système hyperstatique.
8. Déterminer les inconnus statiques.

3. Corrections

Correction P.h 1

1. Isolons la poutre : on a un problème plan et poutre encastrée à ses deux extrémités, on représente alors les actions appliquées dans la figure 7.4.

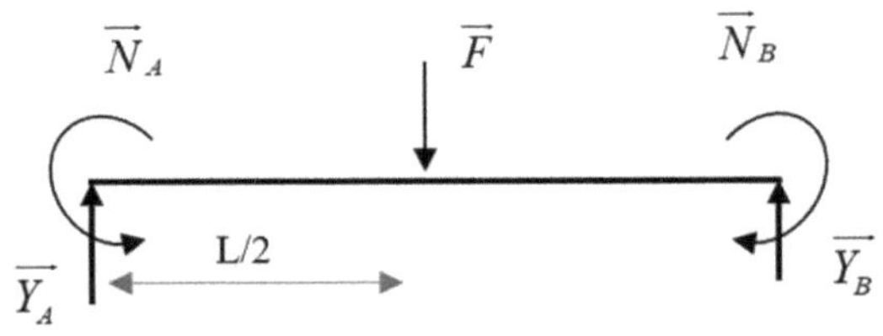

Fig 7.4 : Isolation de la poutre

2. L'étude statique de l'équilibre conduit aux équations :

$$\sum \vec{F}_{ext} = \vec{0} \rightarrow Y_A + Y_B - F = 0 \qquad [1]$$

$$\sum \vec{M}_{\vec{F}/A} = \vec{0} \rightarrow N_A - N_B + L.Y_B - F.L/2 = 0 \qquad [2]$$

La symétrie physique et géométrique du système permet d'obtenir deux équations complémentaires :

$$Y_A = Y_B \qquad [3]$$

$$|N_A| = |N_B| \qquad [4]$$

Les équations [1] et [3] donnent : $Y_A = Y_B = F/2$

L'équation [2] donne alors : $N_A - N_B = 0$ déjà contenue dans l'équation [4].

Donc N_A et N_B reste indéterminé.

3. Nombre des inconnues final **:** ns =2

4. Nombre des équations final : r = 1

5. Système est hyperstatique d'ordre 1.

6. Pour calculer l'expression de la déformée de la zone [AC] on doit calculer en premier lieu l'expression du moment de flexion à l'abscisse x de la zone [AC].

On a : $M_{fAC} = N_A - F\dfrac{x}{2}$

D'où l'expression de l'équation de la déformée à l'abscisse x en [AC] est :

$$EI\ddot{y}_{AC} = -M_{fAC}$$

On intègre cette expression pour obtenir l'équation de déformé.

$$EI\ddot{y}_{AC} = F\frac{x}{2} - N_A$$

$$EI\dot{y}_{AC} = F\frac{x^2}{4} - N_A.x + C_1$$

$$EIy_{AC} = F\frac{x^3}{12} - N_A.\frac{x^2}{2} + C_1.x + C_2$$

Avec C_1 & C_2 des constantes d'intégration.

D'où l'expression de la déformée est :

$$EIy_{AC} = F\frac{x^3}{12} - N_A.\frac{x^2}{2} + C_1.x + C_2$$

7. Les conditions aux limites en A permettent de déterminer les constantes.

- ✓ On a encastrement en A :
  - La déformée est nulle en A, $y_{AC}(x=0) = 0 \rightarrow C_2 = 0$

- La pente de la tangente en A est nulle :
  $\dot{y}_{AC}(x=0)=0 \rightarrow C_1=0$

✓ Au centre de la poutre, pour $x=\frac{L}{2}$, la pente de la tangente en C est nulle donne :

$$EI\,\dot{y}_{AC}\left(x=\frac{L}{2}\right)=\frac{F}{4}\left(\frac{L^2}{2}\right)-N_A.\frac{L}{2}=0$$

Donc : $N_A=\frac{F.L}{8}$ & $N_B=\frac{F.L}{8}$

8. Pour résoudre ce problème, on va le décomposer en trois configurations isostatiques, comme le montre les figures 7.5,7 .6 et 7.7 :

Configuration 1 :

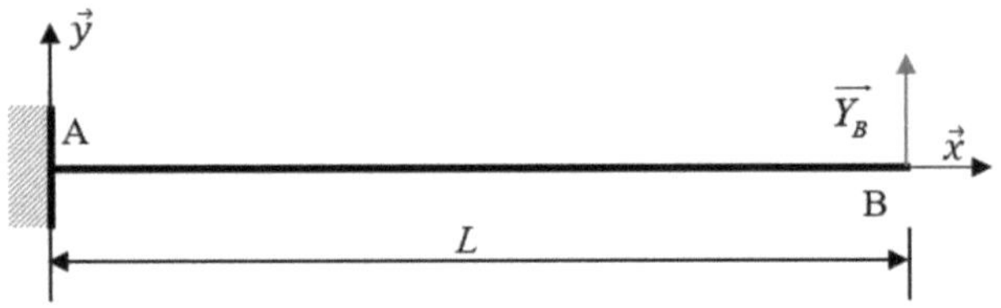

Fig 7.5 : Configuration isostatique 1

Configuration 2 :

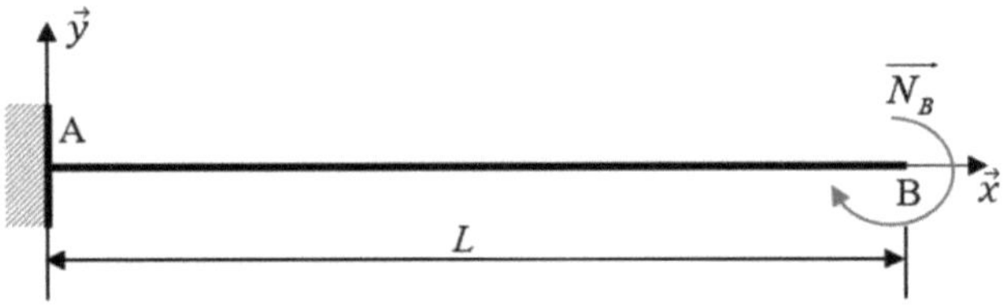

Fig 7.6 : Configuration isostatique 2

Configuration 3 :

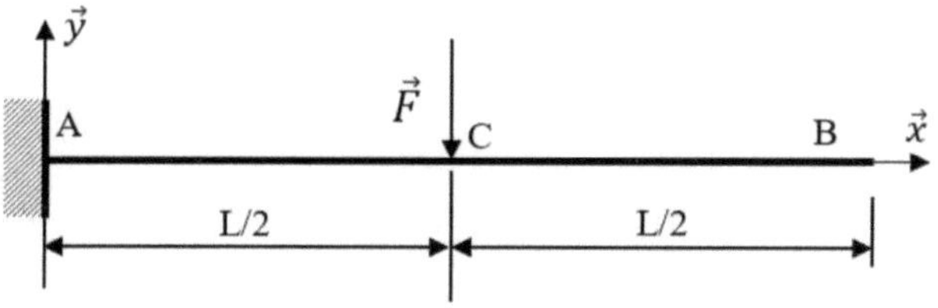

Fig 7.7 : Configuration isostatique 3

9. La superposition des trois configurations isostatiques nous permet d'écrire :

$$y_{conf1}(x=L)+y_{conf2}(x=L)+y_{conf3}(x=L)=0 \qquad [5]$$

10. Pour calculer les inconnues hyperstatiques, on doit calculer les expressions des déformées pour les trois configurations.

Étude de la configuration 1 :

Isolation de la poutre et représentation des efforts extérieure figure 7.8.

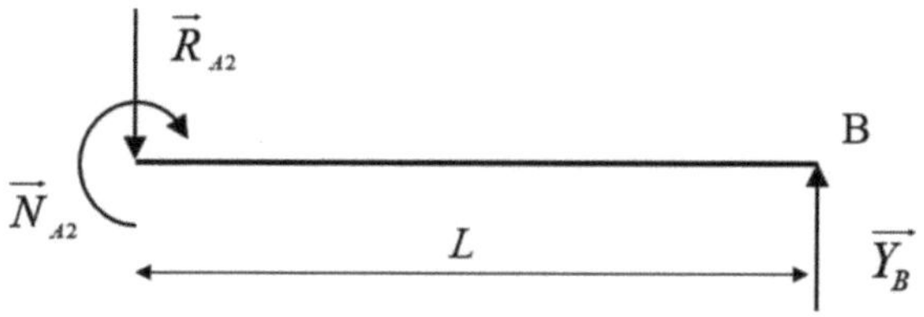

Fig 7.8 : Isolation de 1a configuration 1

L'étude statique donne :

$$R_{A1}=Y_B$$

$$N_{A1}=L.Y_B$$

L'expression du moment fléchissant dans la poutre est : $M_{f1}=Y_B(x-L)$

Calculons l'expression de la déformée :

$$E.I.\ddot{y}_1 = -Y_B\left(x - L\right) = -Y_B x + LY_B$$

$$E.I.\dot{y}_1 = -Y_B\frac{x^2}{2} + LY_B.x + C_1$$

$$E.I.y_1 = -Y_B.\frac{x^3}{6} + LY_B.\frac{x^2}{2} + C_1.x + C_2$$

Avec C_1 & C_2 des constantes d'intégration.

Les conditions aux limites en A permettent de déterminer les constantes.

On a encastrement en A :

- La déformée en A est nulle : $y_1(x=0)=0 \rightarrow C_2=0$
- La pente de la tangente en A est nulle :

  $\rightarrow \dot{y}_1(x=0)=0 \rightarrow C_1=0$

D'où l'expression finale de la déformée de la configuration 1.

$$E.I.y_1 = -Y_B.\frac{x^3}{6} + LY_B.\frac{x^2}{2} \qquad [6]$$

<u>Étude de la configuration 2 :</u>

Isolation de la poutre et représentation des efforts extérieure figure 7.9.

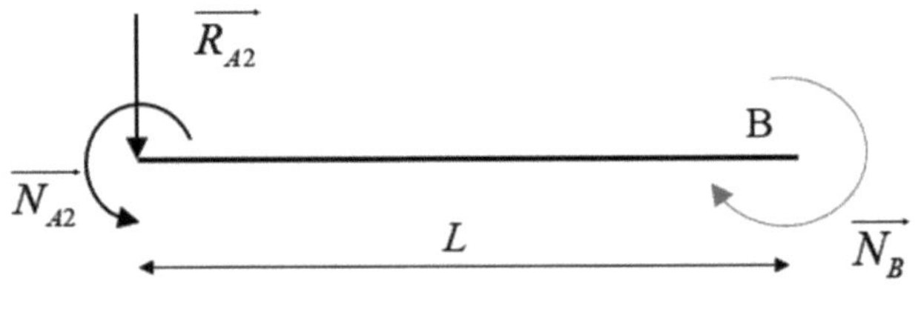

Fig 7.9 : Isolation de la configuration 2

L'étude statique donne :

$$R_{A2} = 0$$

$$N_{A2} = N_B$$

L'expression du moment fléchissant dans la poutre est : $M_{f1} = N_B$

Calculons l'expression de la déformée :

$$E.I.\ddot{y}_2 = -N_B$$

$$E.I.\dot{y}_2 = -N_B x + C_1$$

$$E.I.y_2 = -N_B \frac{x^2}{2} + C_1.x + C_2$$

Avec C_1 & C_2 des constantes d'intégration.

Les conditions aux limites en A permettent de déterminer les constantes.

On a encastrement en A :

- La déformée en A est nulle : $y_2(x=0)=0 \rightarrow C_2=0$
- La pente de la tangente en A est nulle : $\dot{y}_2(x=0)=0 \rightarrow C_1=0$

D'où l'expression finale de la déformée de la configuration 2.

$$E.I.y_2 = -N_B \frac{x^2}{2} \qquad [7]$$

<u>Eudes de la configuration 3 :</u>

Isolation de la poutre et représentation des efforts extérieurs dans la figure 7.10.

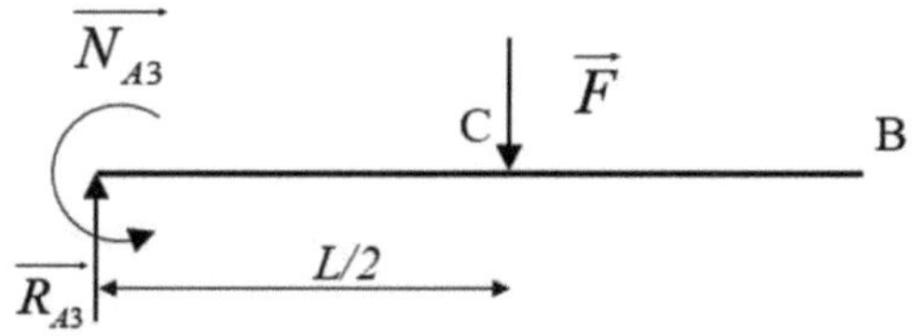

Fig 7.10 : Isolation de 1a configuration 3

L'étude statique donne :

$$R_{A3} = F$$

$$N_{A3} = \frac{L}{2}.F$$

Calculons l'expression de la déformée de la poutre :

<u>*Étude de la zone 1[AC] pour 0 ≤ x ≤ L/2 :*</u>

Moment fléchissant dans la zone 1 est : $M_{f31} = F.\left(\frac{L}{2} - x\right)$

Calculons l'expression de la déformée :

$$E.I.\ddot{y}_{31} = -F.\left(\frac{L}{2} - x\right) = F.x - \frac{L}{2}.F$$

$$E.I.\dot{y}_{31} = F.\frac{x^2}{2} - \frac{L}{2}.F.x + C_1$$

$$E.I.y_{31} = F.\frac{x^3}{6} - \frac{L}{2}.F.\frac{x^2}{2} + C_1.x + C_2$$

Avec C_1 & C_2 des constantes d'intégration.

Les conditions aux limites en A permettent de déterminer les constantes.

On a encastrement en A :

- La déformée en A est nulle : $y_{31}(x=0)=0 \rightarrow C_2 = 0$.
- La pente de la tangente en A est nulle : $\dot{y}_{31}(x=0) \rightarrow C_1 = 0$.

D'où l'expression de la déformée de la zone 1 [AC] de la configuration 3 :

$$E.I.y_{31} = \frac{F.x^2\left(x - 3.L/2\right)}{6}$$

Étude de la zone 2 [CB] pour L/2 ≤ x ≤ L :

Moment fléchissant dans la zone 1 est : $M_{f32} = 0$

Calculons l'expression de la déformée :

$$E.I.\ddot{y}_{32} = 0$$

$$E.I.\dot{y}_{32} = C_3$$

$$E.I.y_{32} = C_3.x + C_4$$

Avec C_3 & C_4 des constantes d'intégration.

Les conditions de continuités en C permettent de déterminer les constantes.

$$\dot{y}_{31}\left(x = \frac{L}{2}\right) = \dot{y}_{32}\left(x = \frac{L}{2}\right) \rightarrow C_3 = \frac{-F.L^2}{8}$$

$$y_{31}\left(x = \frac{L}{2}\right) = y_{32}\left(x = \frac{L}{2}\right) \rightarrow C_4 = \frac{F.L^3}{48}$$

D'où l'expression de la déformée de la zone 2 [CB] de la configuration 3 :

$$E.I.y_{32} = \frac{F.L^2(L/2 - 3x.)}{24} \qquad [8]$$

D'où les équations finales [6], [7] et [8] donnent :

$$[6] \quad \rightarrow \quad y_{conf1}(x = L) = \frac{Y_B L^3}{3EI_{Gz}}$$

$$[7] \quad \rightarrow \quad y_{conf2}(x = L) = \frac{-N_B L^2}{2EI_{Gz}}$$

$$[8] \quad \rightarrow \quad y_{conf3}(x = L) = -\frac{5FL^3}{48EI_{Gz}}$$

En fin l'équation [5] permet d'écrire :

$$\frac{Y_B L^3}{3EI} - \frac{N_B L^2}{2EI} - \frac{5FL^3}{48EI} = 0 \rightarrow \frac{FL}{6} + \frac{N_B}{2} - \frac{5FL}{48} = 0 \rightarrow N_B = \frac{FL}{8}$$

Donc :

$$N_A = \frac{FL}{8} \quad \& \quad N_B = \frac{FL}{8}$$

Conclusion : Pour calculer les inconnues des liaisons, on a utilisé deux méthodes : Méthode des paramètres initiaux (méthode par intégration) et la méthode de superposition. Les deux méthodes donnent les mêmes résultats.

Correction P.h 2 :

1. Isolons la poutre : on a un problème plan et poutre encastrée appuyer, on représente alors les actions appliquées dans la figure 7.11.

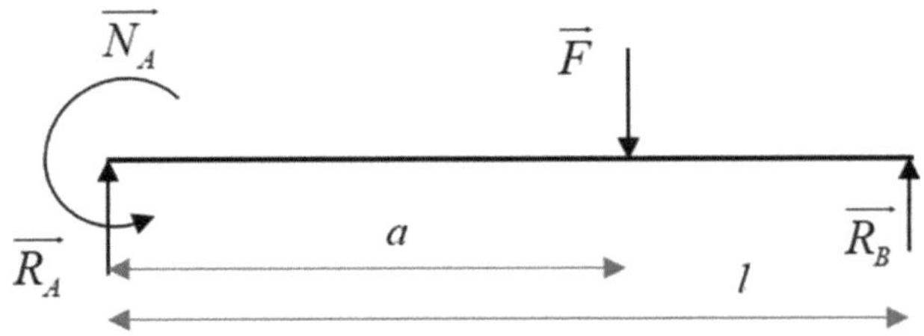

Fig 7.11: Isolation de la poutre

2. Le PFS nous donne :

$$\sum F_{ext} = 0 \rightarrow R_A + R_B - F = 0 \qquad [1]$$

$$\sum M_{/A} = 0 \rightarrow N_A - a.F + l.R_B = 0 \qquad [2]$$

3. Nombre des inconnues statiques : ns = 3

4. Nombre des équations : r = 2

5. On a deux équations à trois inconnues : systèmes hyperstatiques d'ordre 1.

6. Décomposons le système hyperstatique en deux configurations isostatiques simples dans les figures 7.12 et 7.13.

Configuration 1 :

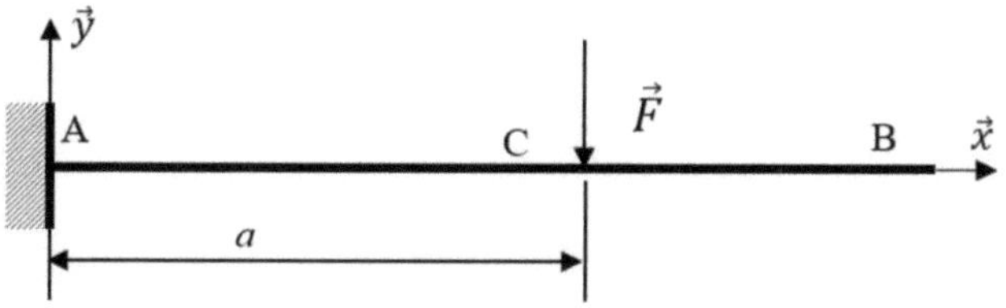

Fig 7.12: configuration isostatique 1

Configuration 2 :

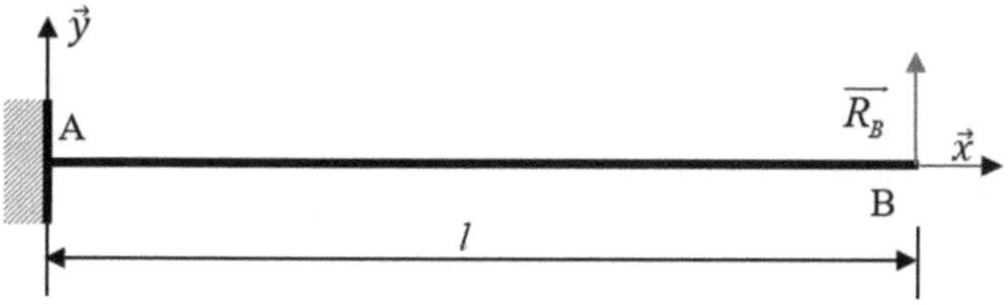

Fig 7.13: configuration isostatique 1

7. La troisième équation, nous allons l'obtenir en appliquant la superposition en B, la superposition des deux configurations isostatiques 1 et 2 en B : Le déplacement est nul au point B :

$$\left(y_{conf1} + y_{conf2}\right)(x = l) = 0 \qquad [3]$$

Calculons alors les flèches en B pour les deux configurations.

Étude de la configuration 1

Isolation de la poutre et représentation des efforts extérieure dans la figure 7.14.

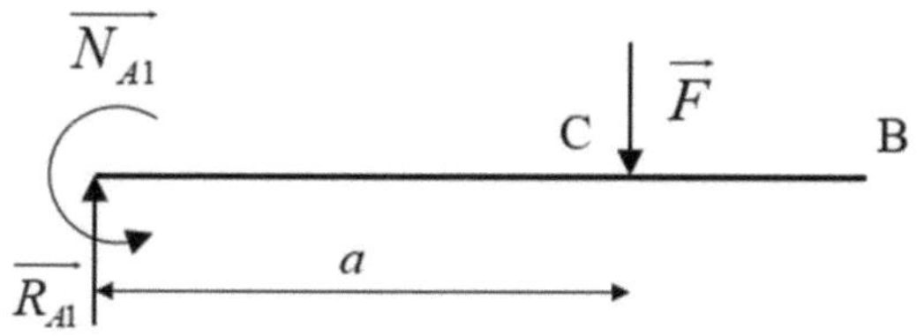

Fig 7.14 : isolation de la configuration 1

L'étude statique donne :

$$R_{A1} = F$$
$$N_{A1} = a.F$$

Calcule de l'expression de la déformée dans la poutre.

<u>Étude de la zone 1 [AC] : pour $0 \leq x \leq a$</u>

L'expression du moment fléchissant est :

$$M_{f11} = F.(a - x)$$

Calculons l'expression de la déformée :

$$E.I.\ddot{y}_{11} = -F.(a - x) = F.x - a.F$$

$$E.I.\dot{y}_{11} = F.\frac{x^2}{2} - a.F.x + C_1$$

$$E.I.y_{11} = F.\frac{x^3}{6} - a.F.\frac{x^2}{2} + C_1.x + C_2$$

Avec C_1 et C_2 les constantes d'intégration.

Les conditions aux limites en A permettent de déterminer les constantes.

On a encastrement en A :

- La déformée et nul en A, $y_{11}(x = 0) = 0 \rightarrow C_2 = 0$
- La pente de la tangente en A est nulle, $\dot{y}_{11}(x = 0) = 0 \rightarrow C_1 = 0$

Donc l'équation de la déformée de la zone 1 est :

$$E.I.y_{11} = \frac{F.x^2(x - 3.a)}{6} \qquad [4]$$

<u>Étude de la zone 2 [CB] : pour $a \leq x \leq l$</u>

L'expression du moment fléchissant dans la zone 2 est :

$$M_{f12} = 0$$

Calculons l'expression de la déformée

$$E.I.\ddot{y}_{12} = 0$$

$$E.I.\dot{y}_{12} = C_3$$

$$E.I.y_{12} = C_3.x + C_4$$

Avec C_3 et C_4 les constantes d'intégration.

Les conditions de continuités en C permettent de déterminer les constantes C_3 et C_4.

$$\dot{y}_{11}(x = a) = \dot{y}_{12}(x = a) \quad \rightarrow \quad C_3 = \frac{-F.a^2}{2}$$

$$y_{11}(x = a) = y_{12}(x = a) \quad \rightarrow \quad C_4 = \frac{F.a^3}{6}$$

Donc l'équation de la déformée de la zone 2 est :

$$E.I.y_{12} = \frac{F.a^2(a - 3x.)}{6} \qquad [5]$$

<u>Étude de la configuration 2</u>

Isolation de la poutre et représentation des efforts extérieure dans la figure 7.15.

Fig 7.15 : isolation de la configuration isostatique 2

L'étude statique donne :

$$R_{A2} = -R_B$$

$$N_{A2} = -l.R_B$$

L'expression du moment fléchissant est :

$$M_{f2} = -R_B\left(l - x\right)$$

Calcule de l'équation de la déformée

On peut déduire l'équation de la déformée à partir de l'équation [4] de la configuration isostatique 1.

D'où l'expression de la déformée est : $E.I.y_2 = \dfrac{-R_B.x^2\left(x-3.l\right)}{6}$ [6]

La superposition des deux configurations isostatiques 1 et 2 en B :

$\left(y_{conf1} + y_{conf2}\right)(x = l) = 0$ (Déplacement nul au point B)

On a :

$$[6] \quad \rightarrow \quad y_{conf2}(x=l) = \frac{-R_B.l^2\left(-2.l\right)}{6}$$

$$[5] \quad \rightarrow \quad y_{conf1}(x=l) = \frac{F.a^2\left(a-3.l\right)}{6}$$

$$\frac{-R_B.l^2\left(-2.l\right)}{6} + \frac{F.a^2\left(a-3.l\right)}{6} = 0$$

Alors :

$$R_B = \frac{F.a^2\left(3.l-a\right)}{2.l^3}$$

8. Il est alors aisé d'en déduire les autres inconnues :

$$R_A = R_{A1} + R_{A2} = F - \frac{F.a^2\left(3.l-a\right)}{2.l^3}$$

$$= \frac{F}{2.l^3}\left(a^3 - 3.a^2.l + 2.l^3\right)$$

$$R_A = \frac{F}{2.l^3}\left(a^3 - 3.a^2.l + 2.l^3\right)$$

$$N_A = N_{A1} + N_{A2} = F.a + \frac{F.a^2(3.l - a)}{2.l^2}$$

$$= \frac{F}{2.l^2}\left(a^3 - 3.a^2.l + 2.a.l^2\right)$$

$$N_A = \frac{F}{2.l^2}\left(a^3 - 3.a^2.l + 2.a.l^2\right)$$

9. L'expression des moments fléchissant dans la poutre :

Zone [AC] : $M_{f1} = xR_A - N_A$

Zone [CB] : $M_{f2} = xR_A - N_A - F(x-a)$

10. Exprimons les moments fléchissant en fonction de R_B :

$$[1] \rightarrow R_A = F - R_B$$

$$[2] \rightarrow N_A = a.F - l.R_B$$

D'où

$$M_{f1} = x(F - R_B) - a.F + l.R_B = F(x-a) + R_B(l-x)$$

$$M_{f2} = x(F - R_B) - a.F + l.R_B - F(x-a) = R_B(l-x)$$

11. L'expression de l'énergie élastique linéique dans la poutre est :

$$W_e = \frac{1}{2}\left(\int_0^a \left(\frac{M_{f1}^2}{EI_{Gz}}\right)dx + \int_a^l \left(\frac{M_{f2}^2}{EI_{Gz}}\right)dx\right)$$

$$= \frac{1}{2EI_{Gz}}\left(\int_0^a \left(M_{f1}^2\right)dx + \int_a^l \left(M_{f2}^2\right)dx\right)$$

12. La troisième équation, nous allons l'obtenir en appliquant le théorème de **Ménabréa** en B.

Théorème de **Ménabréa** en B.

$$\frac{dW_e}{dR_B} = 0$$

$$\frac{dW_e}{dR_B} = \frac{1}{EI_{Gz}}\left(\int_0^a (M_{f1})\left(\frac{dM_{f1}}{dR_B}\right)dx + \int_a^l (M_{f2})\left(\frac{dM_{f2}}{dR_B}\right)dx\right)$$

$$= \frac{1}{EI_{Gz}}\left(\int_0^a \left(F(x-a)(l-x) + R_B(l-x)^2\right)dx + \int_a^l \left(R_B(l-x)^2\right)dx\right)$$

$$= \frac{1}{EI_{Gz}}\left(\int_0^a F\left(-x^2 + (l+a)x - al\right)dx + \int_0^a R_B(l-x)^2\, dx + \int_a^l R_B(l-x)^2\, dx\right)$$

$$= \frac{1}{EI_{Gz}}\left(F\left(\frac{a^3}{6} - \frac{la^2}{2}\right) + R_B\left(\frac{l^3}{3}\right)\right)$$

$$= \frac{1}{EI_{Gz}}\left(F\left(\frac{a^3}{6} - \frac{la^2}{2}\right) + R_B\left(\frac{l^3}{3}\right)\right) = 0$$

Donne :

$$R_B = F\left(\frac{3}{2}\left(\frac{a}{l}\right)^2 - \frac{1}{2}\left(\frac{a}{l}\right)^3\right) = \frac{F.a^2(3.l-a)}{2.l^3}$$

13. Donc, on peut déduire les autres inconnues hyperstatiques à partir des équations [1] & [2].

$$[1] \rightarrow R_A = F - R_B$$

$$R_A = \frac{F}{2.l^3}\left(a^3 - 3.a^2.l + 2.l^3\right)$$

$$[2] \rightarrow N_A = a.F - l.R_B$$

$$N_A = \frac{F}{2.l^2}\left(a^3 - 3.a^2.l + 2.a.l^2\right)$$

Conclusion : Pour calculer les inconnues des liaisons, on a utilisé deux méthodes : la méthode de superposition et la méthode énergétique. Les deux méthodes donnent les mêmes résultats.

Correction P.h.3

1. Isolons la poutre : on a un problème plan et poutre appuyer en A,B, C et D , on représente alors les actions appliquées dans la figure 7.16.

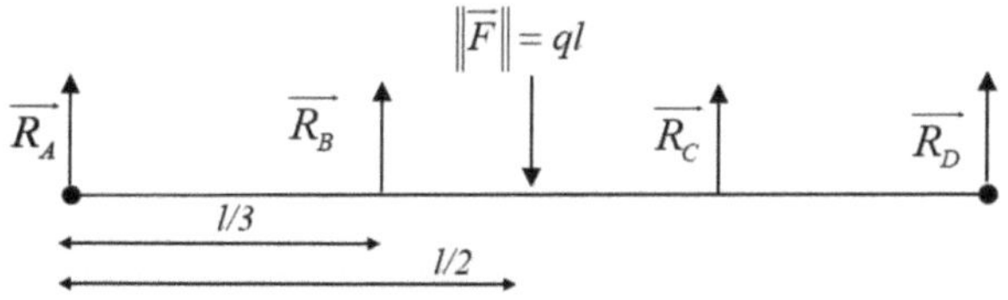

Fig 7.16 : Isolation de la poutre

2. Le PFS nous donne :

$$\sum F_{ext} = 0 \rightarrow R_A + R_B + R_C + R_D - F = 0 \qquad [1]$$

$$\sum M_{/A} = 0 \rightarrow \frac{l}{3}R_B + \frac{2l}{3}R_C + l.R_D - \frac{l}{2}F = 0$$

$$\rightarrow 2R_B + 4R_C + 6R_D - 3F = 0 \qquad [2]$$

On a un problème symétrique, donc on a les équations complémentaires suivant :

$$R_A = R_D \qquad [3]$$

$$R_B = R_C \qquad [4]$$

Vérifions les équations complémentaires ?

$$[1]\&[3] \quad \rightarrow R_B + R_C + 2R_D - F = 0 \qquad [5]$$

$$(-3)\times[5]+[2]\rightarrow[4]$$

Donc, on a 3 équations indépendantes : $[1],[2]\&[3]$.

3. Nombre des inconnues statiques : ns = 4
4. Nombre des équations : r = 3
5. On a trois équations à quatre inconnues, donc on a un système hyperstatique d'ordre 1.
6. Notre problème peut être décomposé de deux manières : la première manière en trois configurations isostatiques et la deuxième en deux configurations isostatiques.

6.1 La première décomposition : en trois configurations.

Configuration isostatique 1.1

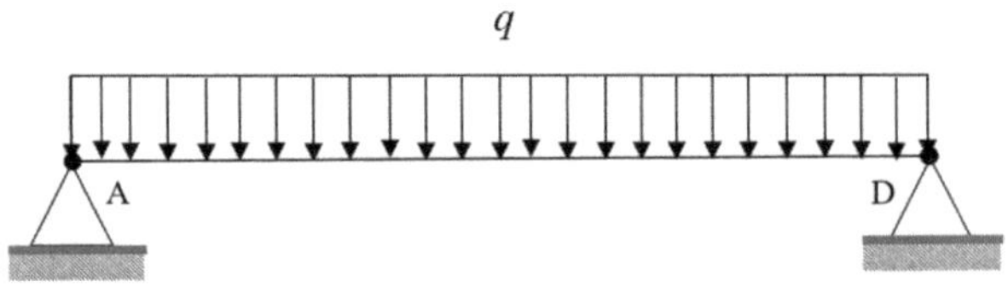

Fig 7.17 : Configuration isostatique 1.1

Configuration isostatique 1.2

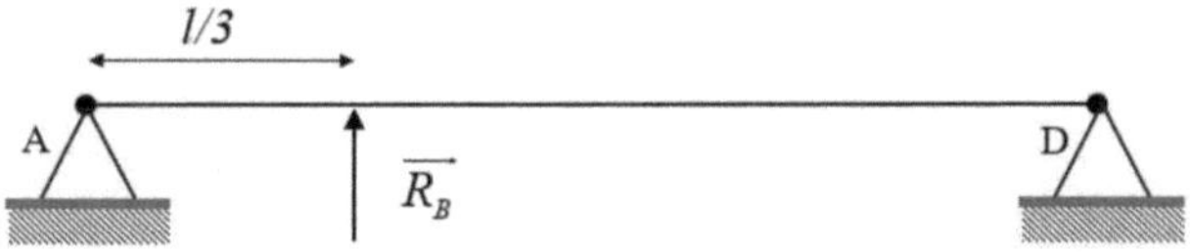

Fig 7.18 : Configuration isostatique 1.2

Configuration isostatique 1.3

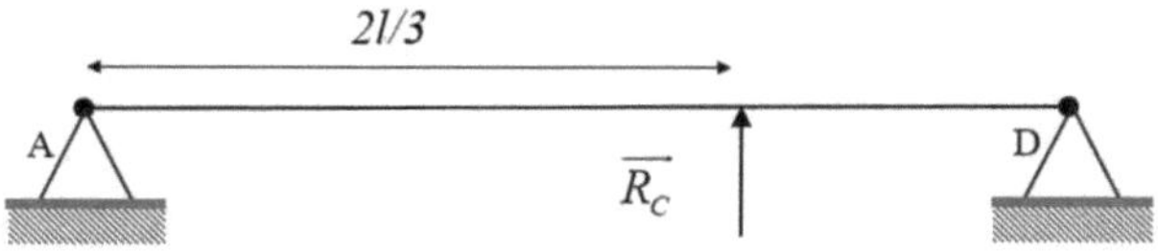

Fig 7.19 : Configuration isostatique 1.3

La superposition des trois configurations nous permet d'écrire les équations complémentaires :

$$\left(y_{conf1} + y_{conf2} + y_{conf3}\right)(x = \frac{l}{3}) = 0 \qquad [6-1]$$

Où

$$\left(y_{conf1} + y_{conf2} + y_{conf3}\right)(x = \frac{2l}{3}) = 0$$

6.2 La deuxième décomposition : en deux configurations.

Configuration isostatique 2.1

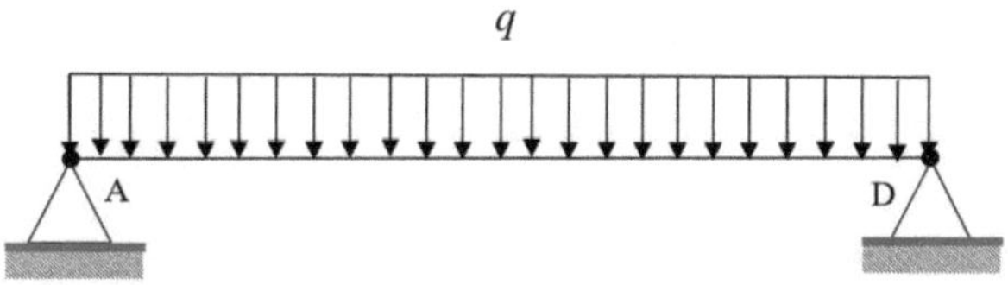

Fig 7.20 : Configuration isostatique 2.1

Configuration isostatique 2.2

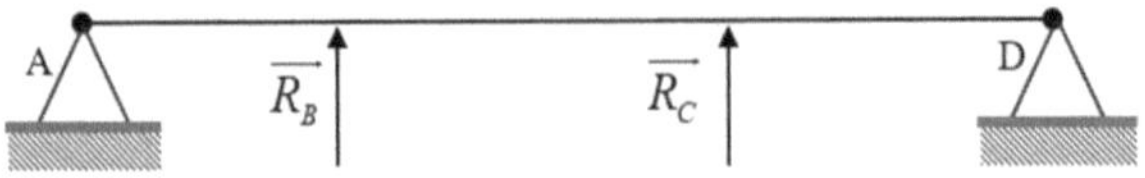

Fig 7.21 : Configuration isostatique 2.2

La superposition des deux configurations isostatiques nous permet d'écrire les équations complémentaires :

$$\left(y_{conf1}+y_{conf2}\right)(x=\frac{l}{3})=0 \text{ où } \left(y_{conf1}+y_{conf2}\right)(x=\frac{2l}{3})=0\left[6-2\right]$$

7.1 On va résoudre notre problème en utilisant la première décomposition. On va Calculer les équations des déformées pour les trois configurations après la superposition nous obtenons les équations complémentaires :

7.1.1 Étude de la configuration 1.1

Isolation de la poutre et représentation des efforts extérieure dans la figure 7.22.

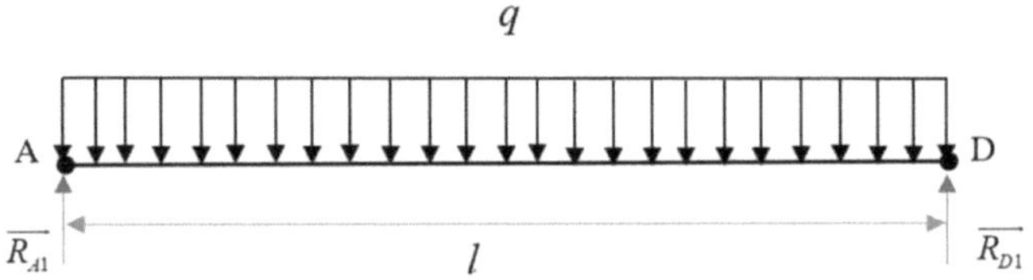

Fig 7.22 : Isolation de la configuration 1.1

L'étude statique donne : $R_{A1}=R_{D1}=\frac{F}{2}=\frac{ql}{2}$

Moment fléchissant dans la poutre est : $M_{f1}=q\frac{x^2}{2}-\frac{ql}{2}x$

Calculons l'expression de la déformée **:**

$$E.I.\ddot{y}_1 = -q\frac{x^2}{2} + \frac{ql}{2}x$$

$$E.I.\dot{y}_1 = -q\frac{x^3}{6} + \frac{ql}{4}x^2 + C_1$$

$$E.I.y_1 = -q\frac{x^4}{24} + \frac{ql}{12}x^3 + C_1.x + C_2$$

Avec (C_1 et C_2) les constantes d'intégration.

Les conditions aux limites permettent de déterminer les constantes.

- Appui en A : la déformée est nulle en A, $y_1(x=0)=0$ donne $C_2 = 0$.
- La déformée est maximale au milieu, $\dot{y}_1(x=\frac{l}{2})=0$ donne :

$$C_1 = \frac{ql^3}{48} - \frac{ql^3}{16} = -\frac{ql^3}{24}$$

Donc l'expression de la déformée de la configuration 1.1 est :

$$E.I.y_1 = -q\frac{x^4}{24} + \frac{ql}{12}x^3 - \frac{ql^3}{24}.x \quad [7]$$

7.1.2 Étude de la configuration 1.2

Isolation de la poutre et représentation des efforts extérieure dans la figure 7.23.

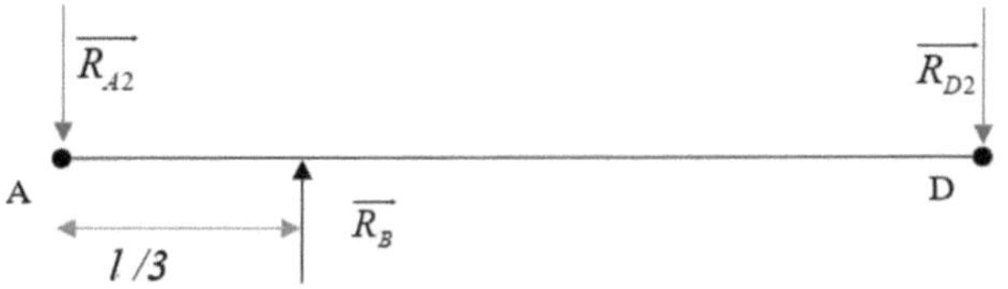

Fig 7.23: isolation de la configuration 1.2

L'étude statique donne : $R_{A2} = \frac{2}{3}R_B$ & $R_{D2} = \frac{1}{3}R_B$

Étude de la zone 1 [AB] : pour 0 ≤ x ≤ l/3

Moment fléchissant dans la zone 2 est : $M_{f1} = \frac{2R_B}{3}x$

Calculons l'expression de la déformée :

$$E.I.\ddot{y}_{21} = -\frac{2R_B}{3}x$$

$$E.I.\dot{y}_{21} = -\frac{R_B}{3}x^2 + C_1$$

$$E.I.y_{21} = -\frac{R_B}{9}x^3 + C_1.x + C_2$$

Avec (C_1 et C_2) les constantes d'intégration.

Les conditions aux limites permettent de déterminer les constantes.

- Appui en A : la déformée est nulle en A, $y_{21}(x=0)=0$ donne $C_2 = 0$.

Étude de la zone 2 [BD] : pour l/3 ≤ x ≤ l

Moment fléchissant dans la zone 2 : $M_{f2} = \frac{R_B}{3}(l-x)$

Calculons l'expression de la déformée :

$$E.I.\ddot{y}_{22} = \frac{R_B}{3}(x-l)$$

$$E.I.\dot{y}_{22} = \frac{R_B}{6}(x-l)^2 + C_3$$

$$E.I.y_{22} = \frac{R_B}{18}(x-l)^3 + C_3.x + C_4$$

Avec (C_3 et C_4) les constantes d'intégration.

Les conditions aux limites permettent de déterminer les constantes.

- o Appui en D : la déformée est nulle en D, $y_{22}(x=l)=0$

Donne : $C_3.l + C_4 = 0 \qquad [8]$

- Continuité en B :

$$y_{21}(x = l/3) = y_{22}(x = l/3) \qquad [9]$$

$$\dot{y}_{21}(x = l/3) = \dot{y}_{22}(x = l/3) \qquad [10]$$

D'où :

$$[9] \rightarrow \frac{R_B l^3}{27} = C_3 + \frac{3}{l} C_4 - C_1$$

$$[10] \rightarrow \frac{-R_B l^2}{9} = C_3 - C_1$$

Les équations [8], [9] et [10] permettent de calculer alors les constantes :

$$C_1 = \frac{5R_B l^2}{81}, C_3 = \frac{-4R_B l^2}{81} \& C_4 = \frac{4R_B l^3}{81}$$

Donc, les expressions des déformées dans la poutre de la configuration 1.2 sont :

$$E.I.y_{21} = -\frac{R_B}{9} x^3 + \frac{5R_B l^2}{81}.x \qquad [11]$$

$$E.I.y_{22} = \frac{R_B}{18}(x-l)^3 - \frac{4R_B l^2}{81} x + \frac{4R_B l^3}{81} \qquad [12]$$

7.1.3 Étude de la configuration 1.3

Isolation de la poutre et représentation des efforts extérieure dans la figure 7.24.

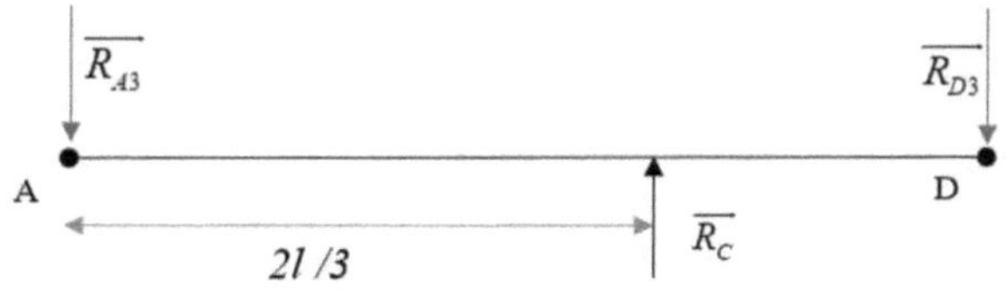

Fig 7.24 : isolation de la configuration 1.3

L'étude statique donne : $R_{A3} = \frac{1}{3} R_C$ & $R_{D3} = \frac{2}{3} R_C$

Étude de la zone 1[AC] : pour 0 ≤ x ≤ 2l/3

Moment fléchissant dans la zone 1 : $M_{f1} = \frac{R_C}{3} x$

Calculons l'expression de la déformée :

$$E.I.\ddot{y}_{31} = -\frac{R_C}{3} x$$

$$E.I.\dot{y}_{31} = -\frac{R_C}{6} x^2 + C_1$$

$$E.I.y_{31} = -\frac{R_C}{18} x^3 + C_1.x + C_2$$

Avec (C_1 et C_2) les constantes d'intégration.

Les conditions aux limites permettent de déterminer les constantes C_1 et C_2.

- Appui en A : la déformée est nulle en A, $y_{31}(x=0)=0 \rightarrow C_2 = 0$

Étude de la zone 2 [CD] : pour 2l/3 ≤ x ≤ l

Moment fléchissant dans la zone 2 : $M_{f2} = \frac{2R_C}{3}(l-x)$

Calculons l'expression de la déformée :

$$E.I.\ddot{y}_{32} = \frac{2R_C}{3}(x-l)$$

$$E.I.\dot{y}_{32} = \frac{R_C}{3}(x-l)^2 + C_3$$

$$E.I.y_{32} = \frac{R_C}{9}(x-l)^3 + C_3.x + C_4$$

Avec (C_3 et C_4) les constantes d'intégration.

Les conditions aux limites permettent de déterminer les constantes C_3 et C_4.

- Appui en D : la déformée est nulle en D, $y_{32}(x=l)=0$

Donne : $C_3.l+C_4=0$ [13]

- Continuité en C :

$$y_{31}(x=2l/3)=y_{32}(x=2l/3) \qquad [14]$$

$$y_{31}(x=2l/3)=y_{32}(x=2l/3) \qquad [15]$$

D'où :

$$[14]\rightarrow \frac{R_C l^3}{81}=\frac{2l}{3}C_1-\frac{2l}{3}C_3-C_4$$

$$[15]\rightarrow \frac{l^2 R_C}{9}=C_1-C_3$$

Les équations [13], [14] et [15] permettent de calculer les constantes :

$$C_1=\frac{4l^2R_C}{81}, C_3=\frac{-5l^2R_C}{81} \;\&\; C_4=\frac{5l^3R_C}{81}$$

Donc, les expressions des déformées dans la poutre de la configuration 1.3 sont :

$$E.I.y_{31}=-\frac{R_C}{18}x^3+\frac{4l^2R_C}{81}.x \qquad [16]$$

$$E.I.y_{32}=\frac{R_C}{9}(x-l)^3-\frac{5l^2R_C}{81}x+\frac{5l^3R_C}{81} \qquad [17]$$

7.1.4 La superposition des trois systèmes

La superposition des trois configurations nous permet d'écrire l'équation complémentaire :

$$[6-1]\rightarrow \left(y_{conf1}+y_{conf2}+y_{conf3}\right)(x=\frac{l}{3})=0$$

$$\rightarrow y_1(x=\frac{l}{3})+y_{21}(x=\frac{l}{3})+y_{31}(x=\frac{l}{3})=0$$

$$\rightarrow -11ql+14R_C+16R_B=0 \qquad [19]$$

7.1.5 Calculons les autres inconnues

$$[19]\&[4]\rightarrow \quad R_B=R_C=\frac{11ql}{30}$$

$$[1]\rightarrow R_A=R_D=\frac{4ql}{30}$$

7.2 On va maintenant résoudre notre problème en utilisant la deuxième décomposition. On va Calculer les équations des déformées pour les deux configurations, après la superposition de ces systèmes, nous obtenons les équations complémentaires :

7.2.1 Étude de la configuration 2.1

Déjà fait dans le paragraphe 7.1.1, la configuration 2.1 et 1.1 sont identiques. Donc l'équation de la déformée de la configuration 2.1 est :

$$E.I.y_1=-q\frac{x^4}{24}+\frac{ql}{12}x^3-\frac{ql^3}{24}.x \quad [7]$$

7.2.2 Étude de la configuration 2.2

Isolation de la poutre et représentation des efforts extérieure dans la figure 7.25.

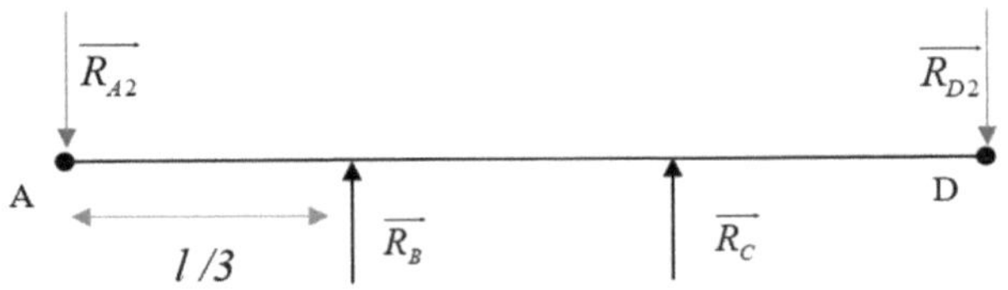

Fig 7.25: Isolation de la configuration 2.2

L'étude statique donne :

Puisque le problème est symétrique & $R_B = R_C$

On a donc : $R_{A2} = R_{D2} = R_B = R_C = R$

Étude de la zone 1 [AB] : pour $0 \leq x \leq l/3$

Moment fléchissant dans la zone 1 : $M_{f1} = xR$

Calculons l'expression de la déformée :

$$E.I.\ddot{y}_{21} = -Rx$$

$$E.I.\dot{y}_{21} = -\frac{R}{2}x^2 + C_1$$

$$E.I.y_{21} = -\frac{R}{6}x^3 + C_1.x + C_2$$

Avec (C_1 et C_2) les constantes d'intégration.

Les conditions aux limites permettent de déterminer les constantes C_1 et C_2.

- Appui en A : la déformée est nulle en A, $y_{21}(x=0) = 0 \rightarrow C_2 = 0$.

Étude de la zone 2 [BC] : pour $l/3 \leq x \leq 2\,l/3$

Moment fléchissant dans la zone 2 est : $M_{f2} = \frac{lR}{3}$

Calculons l'expression de la déformée :

$$E.I.\ddot{y}_{22} = -\frac{lR}{3}$$

$$E.I.\dot{y}_{22} = -\frac{lR}{3}x + C_3$$

$$E.I.y_{22} = -\frac{lR}{6}x^2 + C_3.x + C_4$$

Avec (C_3 et C_4) les constantes d'intégration.

Les conditions aux limites permettent de déterminer les constantes C_3 et C_4.

- La déformée est maximale au milieu donc :

$$\dot{y}_{22}(x=\frac{l}{2})=0$$

Donne :

$$C_3=\frac{Rl^2}{6}.$$

- Continuité en B :

$$\dot{y}_{21}(x=l/3)=\dot{y}_{22}(x=l/3) \qquad [20]$$

$$y_{21}(x=l/3)=y_{22}(x=l/3) \qquad [21]$$

D'où :

$$[20]\rightarrow C_1=\frac{Rl^2}{9}$$

Donc l'équation de la déformée de la zone 1 de la configuration 2.2 est :

$$E.I.y_{21}=-\frac{R}{6}x^3+\frac{Rl^2}{9}.x$$

7.2.3 La superposition des deux configurations

La superposition des deux systèmes nous permet d'écrire l'équation complémentaire :

$$[6-2]\rightarrow\left(y_{conf1}+y_{conf2}\right)(x=\frac{l}{3})=0$$

$$\rightarrow y_1(x=\frac{l}{3})+y_{21}(x=\frac{l}{3})=0$$

$$\rightarrow R=\frac{11ql}{30} \qquad [22]$$

7.2.4 Calculons les autres inconnues

$$[22]\&[4]\rightarrow \quad R = R_B = R_C = \frac{11ql}{30}$$

$$[1]\rightarrow R_A = R_D = \frac{4ql}{30}$$

Conclusion :

Les deux décompositions ont donné les mêmes résultats, la deuxième décomposition est plus simple. Pour une poutre sur plusieurs appuis et, sous une charge uniforme, on peut utiliser ***L'ABAQUE DE MACQUART*** dans cet abaque, on calcule le moment maximum Mo, les réactions et la flèche maximum de la travée simple considérée comme isostatique, puis on applique les coefficients donnés dans l'abaque pour trouver les différents moments, flèches et réactions des poutres hyperstatiques.

Chapitre 8
Éléments finis poutres

Dans cette partie, la série d'exercices concerne les calculs des poutres par la méthode des éléments finis. On y traite les problèmes des poutres en traction-compression simple et flexion simple.

1. Formules & Notes de cours

La méthode des éléments finis permet de résoudre un problème dont la solution analytique ne peut éventuellement pas être déterminée. Elle fournit une solution approchée de la solution exacte. Le milieu étudié est discrétisé en plusieurs éléments reliés entre eux par des nœuds. La géométrie d'un élément est caractérisée par un nombre fini de nœuds sur son périmètre. La résolution d'un problème par la méthode des éléments finis consiste à trouver les déplacements (par exemple, les translations et les rotations) de ces nœuds. Le champ de déplacement en tout point est déterminé par interpolation entre les valeurs déterminées aux nœuds. L'interpolation est basée sur l'utilisation de fonctions de formes.

- **Différentes étapes de la résolution d'un problème par la méthode des éléments finis**

Pour résoudre un problème par la méthode des éléments finis, on doit suivre les étapes suivantes :

1. Maillage : découpage du domaine en éléments géométriques.
2. Choix de la formulation : Choix des fonctions de base.
3. Calcul des matrices de raideur : calcul des matrices élémentaires, puis assemblage de la matrice globale.
4. Calcul du vecteur des forces généralisées.
5. Prise en compte de CL sur les inconnues.
6. Résolution du système linéaire.

7. Détermination du champ en tout point.
8. Détermination des réactions aux limites (calcul des déformations, calcul des contraintes).

• **La résolution d'un problème par la méthode des éléments finis**

La résolution d'un problème par la méthode des éléments finis consiste à résoudre un système d'équations sous la forme :

$$[K]\{v\}=\{F\}$$

Avec

$\{F\}$: vecteur chargement ou vecteur des forces nodales

$[K]$: matrice de raideur carré, symétrique

$\{v\}$: vecteur déplacement

Pour obtenir la matrice de raideur et le vecteur déplacement d'une structure, on doit écrire l'énergie de déformation en fonction des déplacements élastiques sous cette forme :

$$W=\frac{1}{2}{}^{t}\{v\}[K]\{v\}$$

Pour obtenir le vecteur des forces généralisées, $[F]$ on doit écrire le travail des forces extérieures sous cette forme :

$$T={}^{t}\{v\}[F]$$

• **Éléments finis barre en traction**

Considérons un élément de barre de longueur l figure 8.1, dont les extrémités sont les nœuds i et j. le repère local, lié à l'élément, a pour direction axe x de la barre et orienté de i vers j.

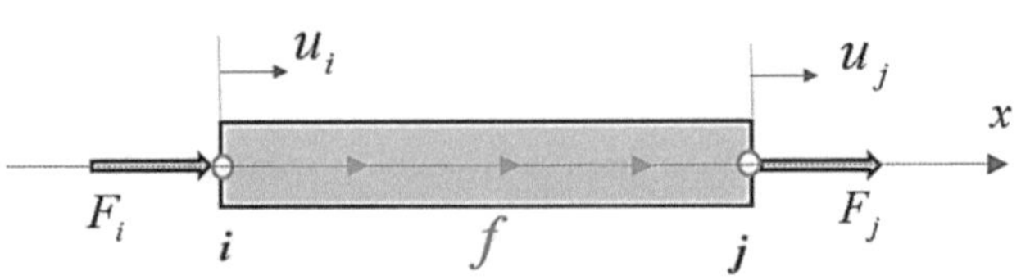

Fig 8.1 : Élément de barre en traction

Les deux variables nodales sont les déplacements des nœuds i et j, noté u_i et u_j.
La loi de comportement d'une barre en traction est :

$$N = ES\frac{du}{dx}$$

Avec E le module d'élasticité longitudinale, N effort normal, S section de la poutre et u le déplacement nodal.

- **L'approximation nodale**

La notion d'approximation nodale est fondamentale dans la méthode des éléments finis, elle permet d'utiliser des variables qui ont un sens physique, et sur lesquelles nous pourrons directement imposer les valeurs données par les conditions aux limites de type cinématique.

Pour construire l'approximation nodale d'une barre en traction, nous devons identifier aux nœuds la valeur de l'approximation des déplacements nodaux.
Soit :

$$u(x=0)=u_i$$
$$u(x=l)=u_j$$

La déformation étant constante sur l'élément, soit : $\frac{du}{dx}=C^{te}$

Qui permet d'écrire le champ de déplacement sous la forme : $u(x)=ax+b$:

Nous en déduisons : $\begin{cases} b=u_1 \\ a=\dfrac{(u_2-u_1)}{l} \end{cases}$

D'où l'approximation nodale $u(x)=\begin{bmatrix}\left(1-\dfrac{x}{l}\right) & \dfrac{x}{l}\end{bmatrix}\begin{Bmatrix}u_1\\u_2\end{Bmatrix}$

- **L'énergie de déformation**

L'énergie de déformation d'une barre en traction est :

$$W=\frac{1}{2}\int_x\left(\frac{N^2}{ES}\right)dx=\frac{1}{2}\int_x ES\left(\frac{du}{dx}\right)^2 dx$$

- **Le travail des forces extérieures**

De manière générale le travail des forces extérieures sur un élément en traction s'exprime sous la forme :

$$T=F_i\times u_i+F_j\times u_j+\int_x f\times u(x)dx \quad (f \text{ force linéairement répartie})$$

- **Expression de la déformation et de la contrainte**

Déformation : $\varepsilon(x)=\dfrac{du(x)}{dx}=\dfrac{u_j-u_i}{l}$

Contrainte : $\sigma(x)=\dfrac{N(x)}{S}=E\varepsilon(x)=E\left(\dfrac{u_i-u_j}{l}\right)=\dfrac{E}{l}(-1 \quad 1)\begin{Bmatrix}u_i\\u_j\end{Bmatrix}$

- **Éléments finis barre en flexion**

Considérons un élément de barre de longueur l figure 8.2, dont les extrémités sont les nœuds i et j. le repère local, lié à l'élément, a pour direction l'axe x de la barre et orienté de i vers j, présente en chaque nœud un déplacement et une rotation de la section correspondant au nœud.

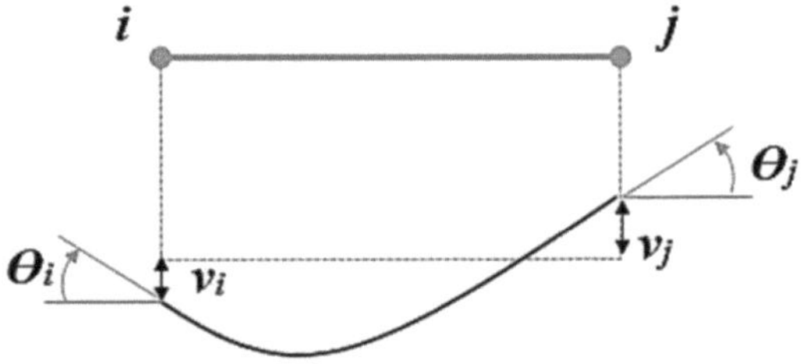

Fig 8.2 : Élément de barre en flexion

Soit :

Nœud i : $\{v_i \quad \theta_i\}$

Nœud j : $\{v_j \quad \theta_j\}$

Les relations d'équilibre d'une poutre en flexion.

$$\frac{dM_f}{dx} + T = 0.$$

$$\frac{dT}{dx} + p = 0.$$

Dans lesquelles M_f est le moment de flexion, **T** l'effort tranchant, **P** le chargement linéique transverse.

La relation qui exprime le moment de flexion en fonction des déformations est :

$$M_f = EI\frac{d^2v}{dx^2}$$

Ou E est le module d'élasticité longitudinal, I le moment quadratique de la poutre, v le déplacement transverse.

- **L'approximation nodale**

L'élément de poutre considéré est supposé chargé uniquement aux nœuds, l'effort tranchant y est constant, soit :

$$\frac{dT}{dx} = -\frac{d^2M_f}{dx^2} = -EI\frac{d^4v}{dx^4} = 0.$$

Nous en déduisons : $v(x) = a_3x^3 + a_2x^2 + a_1x + a_0$

Avec l'approximation $\theta \approx \frac{dv}{dx}$ nous en déduisons aussi :

$$\theta(x) = 3a_3x^2 + 2a_2x + a_1$$

Pour construire l'approximation nodale d'une barre en traction, nous devons identifier aux nœuds la valeur de l'approximation des déplacements et rotations nodaux.
Soit :

$$\begin{cases} v(x=0)=v_1 \\ v(x=l)=v_2 \\ \theta(x=0)=\theta_1 \\ \theta(x=l)=\theta_2 \end{cases}$$

- **L'énergie de déformation**

L'expression de l'énergie élastique d'une poutre en flexion.

$$w=\frac{1}{2}\int_l \frac{M_f^2}{EI}dx=\frac{1}{2}EI\int_l \left(\frac{d^2v}{dx^2}\right)^2 dx$$

- **Le travail des forces extérieures**

De manière générale le travail des forces extérieures sur un élément en flexion s'exprime sous la forme :

$$T=F_i\times v_i+M_i\times\theta_i+F_j\times v_j+M_j\times\theta_j+\int_x f\times S\times v(x)dx$$

(f force linéairement répartie)

2. Exercices

Exercice E.F.P 1 : Élément de barre en traction

Dans cet exercice on propose de calculer la matrice de raideur et le vecteur forces généralisées d'un élément de barre en traction.

On définit l'élément comme un tronçon de barre de longueur l figure 8.3, les extrémités 1 et 2 sont les nœuds de l'élément.

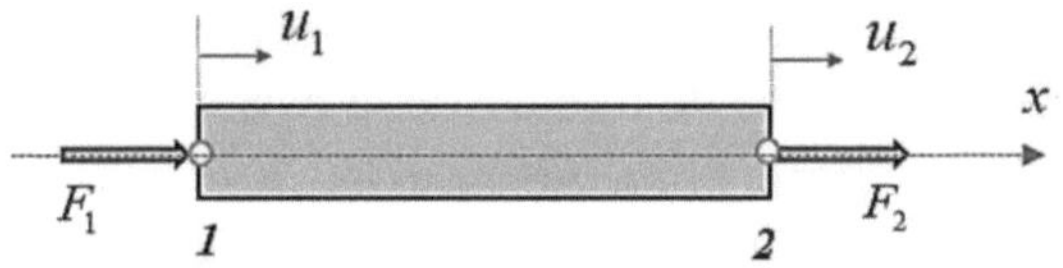

Fig 8.3 : Élément de barre en traction

1. **1.** Écrire l'expression de l'énergie de déformation pour une barre de longueur l soumise un effort normal N.
2. **2.** Calculer le champ de déplacement $u(x)$ en fonction des déplacements des nœuds (u_1, u_2).
3. **3.** Calculer la matrice de raideur de cet élément.
4. **4.** Calculer le vecteur force généralisée sur cet élément s'il est soumis à une charge repartie f constante supplémentaire.

Exercice E.F.P 2 : Barre en traction

Soit une barre de longueur L figure 8.4, de section S et de module d'élasticité longitudinale E est soumise à son propre poids $(f = \rho g)$. Elle est soumise à une action $\boldsymbol{F}$ à une extrémité encastrée à l'autre.

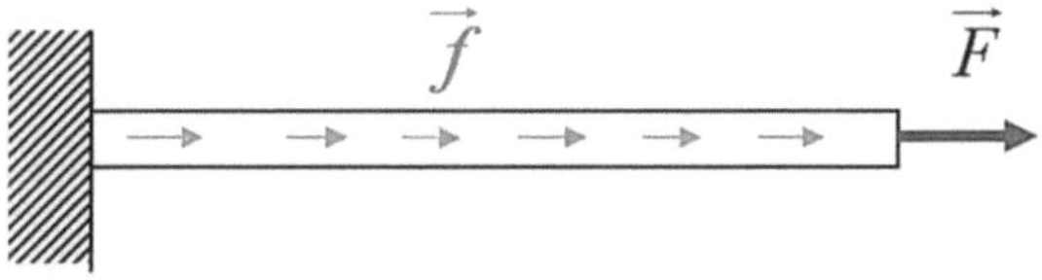

Fig 8.4 : Model de la poutre

On propose un maillage en trois éléments de longueur identique $l = \frac{L}{3}$ et de 4 nœuds figure 8.5.

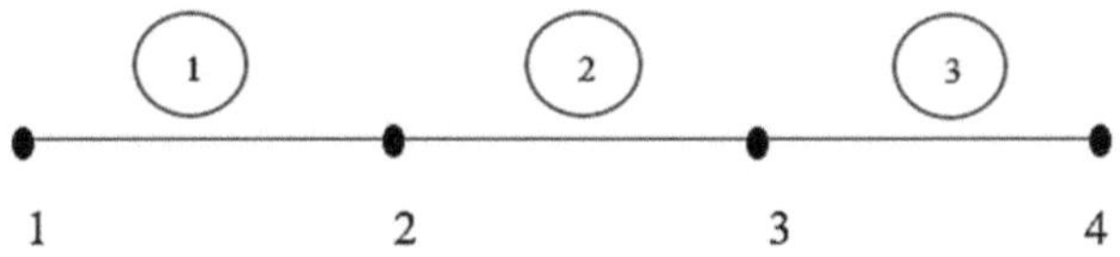

Fig 8.5 : Maillage de la poutre

1. Écrire la matrice de raideur d'un élément.
2. Calculer la matrice de raideur de la barre.
3. Calculer le vecteur force généralisée.
4. Écrire le vecteur des réactions aux appuis.
5. Écrire le système linéaire à résoudre.
6. Calculer les déplacements aux nœuds.
7. Calculer les réactions aux appuis.
8. Déterminer le déplacement, la déformation et l'effort normal en tout point de la barre.

Exercice E.F.P 3 : Élément de barre en flexion

On souhaite développer un élément capable de reproduire les hypothèses classiques mises en œuvre dans les calculs de structures poutres à flexion dominante.

Limitons notre étude à la flexion plane. La figure 8.6 représente un élément de longueur l présente en chaque nœud un déplacement et une rotation de la section correspondant au nœud.

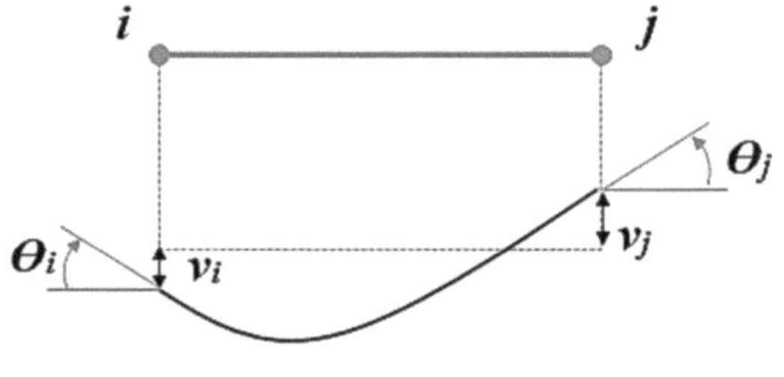

Fig 8.6 : Élément de barre en flexion

1. L'élément de poutre considéré est supposé chargé uniquement aux nœuds, l'effort tranchant y est constant, avec l'approximation $\theta \approx \frac{dv}{dx}$ calculer le champ de déplacement $v(x)$.
2. Calculer la matrice de raideur élémentaire. $[K_e]$
3. Calculer le vecteur force généralisée sur un élément chargé uniquement aux nœuds, comme le montre la figure 8.7.

Fig 8.7 : Élément chargé aux nœuds

4. Calculer le vecteur force généralisée sur un élément chargé par une force volumique répartie constante f figure 8.8.

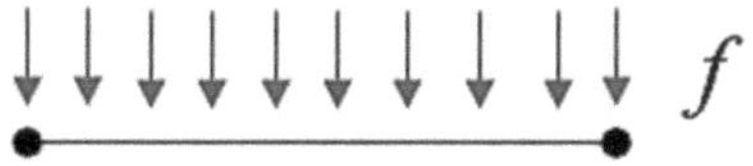

Fig 8.8 : Élément chargé par une force répartie

Exercice E.F.P 4 : Poutre en flexion

On considère une poutre de section constante, soumise à une charge répartie f volumique et une charge concentrée F comme le montre la figure 8.9.

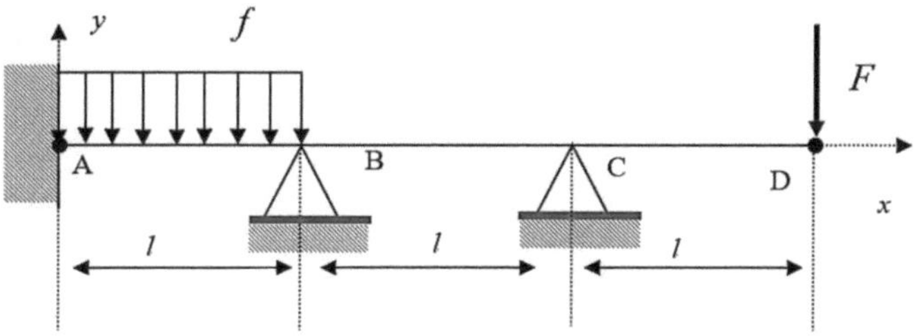

Fig 8.9 : Model de la poutre

***Hypothèse* :**

- Problème plan
- Géométrie parfaite

1. Isoler la poutre et représenter les actions mécaniques.
2. Appliquer le PFS , en déduire les inconnus statiques et leur nombre (ns).
3. Déduire le nombre d'équations scalaires (r).
4. Calculer le degré d'hyperstatisme (h) du système et conclure.
On désire résoudre le problème en utilisant la méthode des éléments finis.
5. Proposer un maillage de la poutre.

6. Écrire la matrice de raideur de la poutre.

7. Écrire le vecteur des déplacements en prenant compte des conditions aux limites.

8. Écrire le vecteur des forces généralisées.

9. Écrire le vecteur des réactions.

10. Écrire le système à résoudre.

11. Écrire les étapes de résolution de ce système.

12. Écrire un programme sur matlab qui fait l'inverse de la matrice. (utiliser les commandes : syms, inv)

13. Calculer alors les déplacements et les réactions.

3. Corrections

Correction E.F.P 1

1. L'énergie de déformation pour une barre de longueur ***l*** soumise un effort normal ***N*** est :

$$W = \frac{1}{2}\int_x \left(\frac{N^2}{ES}\right) dx$$

2. La déformation étant constante sur l'élément :

$$\frac{du}{dx} = C^{te}$$

On en déduit l'expression du champ de déplacement :

$$u(x) = ax + b$$

On calcule les constantes a et b :

Conditions aux limites :

$$u(0) = u_1 \rightarrow b = u_1 \;\&\; u(l) = u_2 = al + u_1 \rightarrow a = \frac{(u_2 - u_1)}{l}$$

D'où le champ de déplacement $u(x)$:

$$u(x) = u_1 + \frac{(u_2 - u_1)}{l}x \quad ; u(x) = \left[\left(1 - \frac{x}{l}\right) \quad \frac{x}{l}\right]\begin{Bmatrix} u_1 \\ u_2 \end{Bmatrix}$$

3. On a donc l'énergie de déformation pour l'élément est :

$$W = \frac{1}{2}\int_x \left(\frac{N^2}{ES}\right) dx = \frac{1}{2}\int_x ES\left(\frac{du}{dx}\right)^2 dx$$

On a : $\frac{du}{dx} = \frac{(u_2 - u_1)}{l}$

D'où :

$$W = \frac{1}{2} ES \int_x \left(\frac{(u_2 - u_1)}{l} \right)^2 dx = \frac{1}{2} \frac{ES}{l} (u_2 - u_1)^2 = \frac{1}{2} \frac{ES}{l} (u_2{}^2 + u_1{}^2 - 2u_2 u_1)$$

La mise de cette expression quadratique sous cette forme permet de faire apparaître la matrice de raideur de cet élément soit.

$$W = \frac{1}{2} {}^t \begin{Bmatrix} u_1 \\ u_2 \end{Bmatrix} \begin{bmatrix} \frac{ES}{l} & -\frac{ES}{l} \\ -\frac{ES}{l} & \frac{ES}{l} \end{bmatrix} \begin{Bmatrix} u_1 \\ u_2 \end{Bmatrix} = \frac{1}{2} {}^t \begin{Bmatrix} u_1 \\ u_2 \end{Bmatrix} [k_é] \begin{Bmatrix} u_1 \\ u_2 \end{Bmatrix}$$

On a donc la matrice de raideur :

$$[K_é] = \frac{ES}{l} \begin{bmatrix} 1 & -1 \\ -1 & 1 \end{bmatrix}$$

4. On a le travail des forces extérieures sur cet élément est :

$$\begin{aligned} T &= F_1 \times u_1 + F_2 \times u_2 + \int_x f \times u(x) dx \\ &= F_1 \times u_1 + F_2 \times u_2 + f \times \int_x \left(u_1 + \frac{(u_2 - u_1)}{l} x \right) dx \\ &= F_1 \times u_1 + F_2 \times u_2 + f \times l \left(u_1 + \frac{(u_2 - u_1)}{2} \right) \\ &= F_1 \times u_1 + F_2 \times u_2 + \frac{f \times l}{2} (u_1 + u_2) \\ &= {}^t \begin{Bmatrix} u_1 \\ u_2 \end{Bmatrix} \begin{bmatrix} F_1 + \frac{f \times l}{2} \\ F_2 + \frac{f \times l}{2} \end{bmatrix} = {}^t \begin{Bmatrix} u_1 \\ u_2 \end{Bmatrix} [F_e] \end{aligned}$$

Donc, le vecteur force généralisée est :

$$[F_e]=\begin{bmatrix} F_1+\dfrac{f\times l}{2} \\ F_2+\dfrac{f\times l}{2} \end{bmatrix}=\begin{bmatrix} F_1 \\ F_2 \end{bmatrix}+\frac{f\times l}{2}\begin{bmatrix} 1 \\ 1 \end{bmatrix}$$

Correction E.F.P 2

1. La matrice de raideur d'un élément est :

$$[K_é]=\frac{ES}{l}\begin{bmatrix} 1 & -1 \\ -1 & 1 \end{bmatrix}$$

2. En pratique l'assemblage des matrices élémentaire.

$$[K]=\frac{ES}{l}\begin{bmatrix} 1 & -1 & 0 & 0 \\ -1 & 1+1 & -1 & 0 \\ 0 & -1 & 1+1 & -1 \\ 0 & 0 & -1 & 1 \end{bmatrix}=\frac{ES}{l}\begin{bmatrix} 1 & -1 & 0 & 0 \\ -1 & 2 & -1 & 0 \\ 0 & -1 & 2 & -1 \\ 0 & 0 & -1 & 1 \end{bmatrix}$$

3. Le vecteur force généralisée est :

- Élément 1 force répartie : $[F_{e1}]=\dfrac{f\times l}{2}\begin{bmatrix} 1 \\ 1 \end{bmatrix}$
- Élément 2 force répartie : $[F_{e2}]=\dfrac{f\times l}{2}\begin{bmatrix} 1 \\ 1 \end{bmatrix}$
- Élément 3 force répartie et une force concentrée sur le nœud 4 :

$$[F_{e3}]=\frac{f\times l}{2}\begin{bmatrix} 1 \\ 1 \end{bmatrix}+\begin{bmatrix} 0 \\ F \end{bmatrix}$$

En pratique l'assemblage :

$$[F]=\begin{bmatrix} \frac{f.l}{2} & . & . & . \\ \frac{f.l}{2} & \frac{f.l}{2} & . & . \\ . & \frac{f.l}{2} & \frac{f.l}{2} & . \\ . & . & \frac{f.l}{2} & F \end{bmatrix}=\begin{bmatrix} \frac{f.l}{2} \\ f.l \\ f.l \\ \frac{f.l}{2}+F \end{bmatrix}$$

4. Le vecteur des réactions aux appuis :
La poutre est encastrée au nœud 1 :

- Élément 1 : $[R_{e1}]=\begin{bmatrix} -R \\ 0 \end{bmatrix}$
- Élément 2 : $[R_{e2}]=\begin{bmatrix} 0 \\ 0 \end{bmatrix}$
- Élément 3 : $[R_{e3}]=\begin{bmatrix} 0 \\ 0 \end{bmatrix}$

Après assemblage :

$$[R]=\begin{bmatrix} -R \\ 0 \\ 0 \\ 0 \end{bmatrix}$$

5. Système à résoudre.

$$\frac{ES}{l}\begin{bmatrix} 1 & -1 & 0 & 0 \\ -1 & 2 & -1 & 0 \\ 0 & -1 & 2 & -1 \\ 0 & 0 & -1 & 1 \end{bmatrix} \times \begin{bmatrix} u_1 \\ u_2 \\ u_3 \\ u_4 \end{bmatrix} = \begin{bmatrix} f.l/2-R \\ f.l \\ f.l \\ f.l/2+F \end{bmatrix}$$

6. Résolution du système : Prise en compte des conditions aux limites en déplacement :

On a encastrement au nœud 1 : $u_1 = 0$, on réduit alors le système :

$$\frac{ES}{l}\begin{bmatrix} 1 & -1 & 0 & 0 \\ -1 & 2 & -1 & 0 \\ 0 & -1 & 2 & -1 \\ 0 & 0 & -1 & 1 \end{bmatrix} \times \begin{bmatrix} 0 \\ u_2 \\ u_3 \\ u_4 \end{bmatrix} = \begin{bmatrix} f.l/2-R \\ f.l \\ f.l \\ f.l/2+F \end{bmatrix}$$

Après simplification on obtient :

$$\frac{ES}{l}\begin{bmatrix} 2 & -1 & 0 \\ -1 & 2 & -1 \\ 0 & -1 & 1 \end{bmatrix} \begin{bmatrix} u_2 \\ u_3 \\ u_4 \end{bmatrix} = \begin{bmatrix} f.l \\ f.l \\ f.l/2+F \end{bmatrix}$$

Après inversion de la matrice, on obtient :

$$\begin{bmatrix} u_2 \\ u_3 \\ u_4 \end{bmatrix} = \frac{l}{ES} \times \begin{bmatrix} 1 & 1 & 1 \\ 1 & 2 & 2 \\ 1 & 2 & 3 \end{bmatrix} \times \begin{bmatrix} f.l \\ f.l \\ f.l/2+F \end{bmatrix}$$

On calcule alors les déplacements aux nœuds :

$$u_2 = \frac{l}{ES}\left(\frac{5}{2}f.l + F\right), u_3 = \frac{l}{ES}(4f.l + 2.F) \text{ et } u_4 = \frac{l}{ES}\left(\frac{9}{2}f.l + 3.F\right)$$

7. Calcule de la réaction R.

On va résoudre le système :

$$\frac{ES}{l}\begin{bmatrix} 1 & -1 & 0 & 0 \\ -1 & 2 & -1 & 0 \\ 0 & -1 & 2 & -1 \\ 0 & 0 & -1 & 1 \end{bmatrix} \times \begin{bmatrix} 0 \\ u_2 \\ u_3 \\ u_4 \end{bmatrix} = \begin{bmatrix} f.l/2 - R \\ f.l \\ f.l \\ f.l/2 + F \end{bmatrix}$$

La première équation nous permet de calculer la réaction R :

$$\frac{ES}{l}(-u_2) = \frac{f.l}{2} - R$$

$$-\left(\frac{5}{2}f.l + F\right) = \frac{f.l}{2} - R$$

$$R = 3f.l + F$$

8. Le déplacement, la déformation et l'effort normal en tout point de la barre sont déterminés d'une manière élémentaire.

L'expression du déplacement : $u(x) = u_i + \frac{(u_j - u_i)}{l}x$

L'expression de la déformation : $\varepsilon(x) = \frac{du}{dx} = \frac{(u_j - u_i)}{l}$

L'expression de l'effort normale : $N = ES\frac{du}{dx} = ES\frac{(u_j - u_i)}{l}$

Élément 1 :

$$u(x) = \frac{(u_2)}{l}x = \frac{1}{ES}\left(\frac{5}{2}f.l + F\right)x$$

$$\varepsilon(x)=\frac{1}{ES}\left(\frac{5}{2}f.l+F\right)$$

$$N=\left(\frac{5}{2}f.l+F\right)$$

Élément 2 :

$$u(x)=u_2+\frac{(u_3-u_2)}{l}x=\frac{l}{ES}\left(\frac{5}{2}f.l+F\right)+\frac{1}{ES}\left(\frac{3}{2}f.l+F\right)x$$

$$\varepsilon(x)=\frac{1}{ES}\left(\frac{3}{2}f.l+F\right)$$

$$N=\left(\frac{3}{2}f.l+F\right)$$

Élément 3 :

$$u(x)=u_3+\frac{(u_4-u_3)}{l}x=\frac{l}{ES}\left(4f.l+F\right)+\frac{1}{ES}\left(\frac{1}{2}f.l+F\right)x$$

$$\varepsilon(x)=\frac{1}{ES}\left(\frac{1}{2}f.l+F\right)$$

$$N=\left(\frac{1}{2}f.l+F\right)$$

Correction E.F.P 3 :

1. L'élément de poutre considéré est supposé chargé uniquement aux nœuds, l'effort tranchant y est constant alors :

$$\frac{dT}{dx}=-\frac{d^2M_f}{dx^2}=-EI\frac{d^4v}{dx^4}=0.$$

D'où $\frac{d^4v}{dx^4}=0$, on intègre, on obtient : $v(x)=a_3x^3+a_2x^2+a_1x+a_0$

Avec $\theta \approx \dfrac{dv}{dx}$ d'où : $\theta(x) = 3a_3x^2 + 2a_2x + a_1$

On applique les conditions aux limites :

$$\begin{cases} v(0) = a_0 = v_1 \\ v(l) = a_3l^3 + a_2l^2 + a_1l + v_1 = v_2 \quad (1) \\ \theta(0) = a_1 = \theta_1 \\ \theta(l) = 3a_3l^2 + 2a_2l + \theta_1 = \theta_2 \quad (2) \end{cases}$$

Calculons les constantes (a_3, a_2)

On a (1) donne : $a_2 = \dfrac{\theta_2}{2l} - \dfrac{\theta_1}{2l} - \dfrac{3}{2}a_3l \qquad (3)$

L'expression (3) et (2) donnent : $a_3 = \dfrac{2v_1}{l^3} - \dfrac{2v_2}{l^3} + \dfrac{\theta_2}{l^2} + \dfrac{\theta_1}{l^2} \qquad (4)$

L'expression (3) et (2) donnent : $a_2 = -\dfrac{3v_1}{l^2} + \dfrac{3v_2}{l^2} - \dfrac{\theta_2}{l} - \dfrac{2\theta_1}{l}$

D'où l'expression de $v(x)$:

$$v(x) = \left(\frac{2v_1}{l^3} - \frac{2v_2}{l^3} + \frac{\theta_2}{l^2} + \frac{\theta_1}{l^2}\right)x^3 + \left(-\frac{3v_1}{l^2} + \frac{3v_2}{l^2} - \frac{\theta_2}{l} - \frac{2\theta_1}{l}\right)x^2 + \theta_1 x + v_1$$

On peut l'écrire sous cette forme :

$$v(x) = \left[\left(\frac{2x^3}{l^3} - \frac{3x^2}{l^2} + 1\right)\left(\frac{x^3}{l^2} - \frac{2x^2}{l} + x\right)\left(-\frac{2x^3}{l^3} + \frac{3x^2}{l^2}\right)\left(\frac{x^3}{l^2} - \frac{x^2}{l}\right)\right] \times \begin{Bmatrix} v_1 \\ \theta_1 \\ v_2 \\ \theta_2 \end{Bmatrix}$$

2. Pour obtenir la matrice des raideurs d'une structure, on doit écrire l'énergie élastique de la façon suivante :

$W = \dfrac{1}{2}{}^t\{v\}[K_e]\{v\}$ Où : $[K_e]$:la matrice des raideurs

Calculons l'énergie élastique : $w = \frac{1}{2} EI \int_l \left(\frac{d^2v}{dx^2} \right)^2 dx$

On a :

$$\left(\frac{d^2v}{dx^2} \right) = \left[\left(\frac{12x}{l^3} - \frac{6}{l^2} \right) \quad \left(\frac{6x}{l^2} - \frac{4}{l} \right) \quad \left(-\frac{12x}{l^3} + \frac{6}{l^2} \right) \quad \left(\frac{6x}{l^2} - \frac{2}{l} \right) \right] \times \begin{Bmatrix} v_1 \\ \theta_1 \\ v_2 \\ \theta_2 \end{Bmatrix}$$

Pour simplifier cette expression, on va l'écrire sous cette forme :

$$\left(\frac{d^2v}{dx^2} \right) = \left[(h_1) \quad (h_2) \quad (h_3) \quad (h_4) \right] \times \begin{Bmatrix} v_1 \\ \theta_1 \\ v_2 \\ \theta_2 \end{Bmatrix} = h_1 v_1 + h_2 \theta_1 + h_3 v_2 + h_4 \theta_2$$

Avec :

$$h_1 = \left(\frac{12x}{l^3} - \frac{6}{l^2} \right), h_2 = \left(\frac{6x}{l^2} - \frac{4}{l} \right), h_3 = \left(-\frac{12x}{l^3} + \frac{6}{l^2} \right),$$

$$h_4 = \left(\frac{6x}{l^2} - \frac{2}{l} \right)$$

D'où :

$$\left(\frac{d^2v}{dx^2} \right)^2 = (h_1 v_1)^2 + (h_2 \theta_1)^2 + (h_3 v_2)^2 + (h_4 \theta_2)^2 + 2h_1 h_3 v_1 v_2 + 2h_2 h_4 \theta_1 \theta_2$$
$$+ 2h_1 h_2 v_1 \theta_1 + 2h_3 h_4 v_2 \theta_2 + 2h_1 h_4 v_1 \theta_2 + 2h_2 h_3 v_2 \theta_1$$

On peut l'écrire sous cette forme :

$$\left(\frac{d^2v}{dx^2} \right)^2 = \begin{Bmatrix} v_1 \\ \theta_1 \\ v_2 \\ \theta_2 \end{Bmatrix}^T \times \begin{bmatrix} h_1^2 & h_1 h_2 & h_1 h_3 & h_1 h_4 \\ h_1 h_2 & h_2^2 & h_2 h_3 & h_2 h_4 \\ h_1 h_3 & h_2 h_3 & h_3^2 & h_3 h_4 \\ h_1 h_4 & h_2 h_4 & h_3 h_4 & h_4^2 \end{bmatrix} \times \begin{Bmatrix} v_1 \\ \theta_1 \\ v_2 \\ \theta_2 \end{Bmatrix}$$

On a alors :

$$\left(\frac{d^2v}{dx^2}\right)^2 = \begin{Bmatrix} v_1 \\ \theta_1 \\ v_2 \\ \theta_2 \end{Bmatrix}^T \times [H] \times \begin{Bmatrix} v_1 \\ \theta_1 \\ v_2 \\ \theta_2 \end{Bmatrix}$$

D'où l'expression de l'énergie élastique devient :

$$w = \frac{1}{2} EI \int_l \left(\frac{d^2v}{dx^2}\right)^2 dx = \frac{1}{2} \begin{Bmatrix} v_1 \\ \theta_1 \\ v_2 \\ \theta_2 \end{Bmatrix}^T \times \left(EI \int_l [H] dx \right) \times \begin{Bmatrix} v_1 \\ \theta_1 \\ v_2 \\ \theta_2 \end{Bmatrix}$$

Donc l'expression de la matrice des raideurs est :

$$[K_e] = \left(EI \int_l [H] dx \right)$$

Maintenant on peut calculer les composantes de la matrice des raideurs : (k_{ij})

$$k_{11} = EI \int_l \left(\frac{12x}{l^3} - \frac{6}{l^2}\right)^2 dx = EI \frac{l^3}{3 \times 12} \left[\left(\frac{12x}{l^3} - \frac{6}{l^2}\right)^3 \right]_0^l$$

$$= EI \frac{l^3}{3 \times 12} \left(\left(\frac{6}{l^2}\right)^3 + \left(\frac{6}{l^2}\right)^3 \right) = EI \frac{12}{l^3}$$

$$k_{22} = EI \int_l \left(\frac{6x}{l^2} - \frac{4}{l}\right)^2 dx = EI \frac{4}{l}$$

$$k_{33} = EI \int_l \left(-\frac{12x}{l^3} + \frac{6}{l^2}\right)^2 dx = EI \frac{12}{l^3}$$

$$k_{44} = EI \int_l \left(\frac{6x}{l^2} - \frac{2}{l}\right)^2 dx = EI \frac{4}{l}$$

$$k_{12} = EI\int_l \left(\frac{12x}{l^3} - \frac{6}{l^2}\right)\times\left(\frac{6x}{l^2} - \frac{4}{l}\right)dx = EI\frac{6}{l^2}$$

$$k_{13} = EI\int_l \left(\frac{12x}{l^3} - \frac{6}{l^2}\right)\times\left(-\frac{12x}{l^3} + \frac{6}{l^2}\right)dx = -EI\frac{12}{l^3}$$

$$k_{14} = EI\int_l \left(\frac{12x}{l^3} - \frac{6}{l^2}\right)\times\left(\frac{6x}{l^2} - \frac{2}{l^2}\right)dx = EI\frac{6}{l^2}$$

$$k_{23} = EI\int_l \left(\frac{6x}{l^2} - \frac{4}{l}\right)\times\left(-\frac{12x}{l^3} + \frac{6}{l^2}\right)dx = -EI\frac{6}{l^2}$$

$$k_{24} = EI\int_l \left(\frac{6x}{l^2} - \frac{4}{l}\right)\times\left(\frac{6x}{l^2} - \frac{2}{l}\right)dx = EI\frac{2}{l}$$

$$k_{34} = EI\int_l \left(-\frac{12x}{l^3} + \frac{6}{l^2}\right)\times\left(\frac{6x}{l^2} - \frac{2}{l}\right)dx = -EI\frac{6}{l^2}$$

D'où la matrice de raideur élémentaire :

$$[k_é] = \frac{EI}{l^3}\begin{bmatrix} 12 & 6l & -12 & 6l \\ 6l & 4l^2 & -6l & 2l^2 \\ -12 & -6l & 12 & -6l \\ 6l & 2l^2 & -6l & 4l^2 \end{bmatrix}$$

3. Pour calculer le vecteur des forces généralisées sur un élément chargé uniquement aux nœuds, comme le montre la figure 8.7 on doit calculer le travail des forces extérieures sur cet élément :

$$T = F_1 \times v_1 + M_1 \times \theta_1 + F_2 \times v_2 + M_2 \times \theta_2$$

$$T = \begin{Bmatrix} v_1 \\ \theta_1 \\ v_2 \\ \theta_2 \end{Bmatrix}^T \begin{bmatrix} F_1 \\ M_1 \\ F_2 \\ M_2 \end{bmatrix} = \begin{Bmatrix} v_1 \\ \theta_1 \\ v_2 \\ \theta_2 \end{Bmatrix} = \begin{Bmatrix} v_1 \\ \theta_1 \\ v_2 \\ \theta_2 \end{Bmatrix}^T \times [F_é]$$

Donc, le vecteur force généralisée est : $\left[F_{\acute{e}}\right]=\begin{bmatrix} F_1 \\ M_1 \\ F_2 \\ M_2 \end{bmatrix}$

4. Pour calculer le vecteur des forces généralisées sur un élément chargé par une force volumique répartie constante f comme le montre la figure 8.8 on doit calculer le travail des forces extérieures sur cet élément :

5.

$$T=\int_v f\times v(x)dv=f\times S\int_x v(x)dx$$

D'où :

$$T=f.S\times\int_0^l\left[\left(\frac{2x^3}{l^3}-\frac{3x^2}{l^2}+1\right)\left(\frac{x^3}{l^2}-\frac{2x^2}{l}+x\right)\left(-\frac{2x^3}{l^3}+\frac{3x^2}{l^2}\right)\left(\frac{x^3}{l^2}-\frac{x^2}{l}\right)\right]\times\begin{Bmatrix} v_1 \\ \theta_1 \\ v_2 \\ \theta_2 \end{Bmatrix}dx$$

Calculons alors les intégrales suivantes :

$$\int_0^l\left(\frac{2x^3}{l^3}-\frac{3x^2}{l^2}+1\right)dx=\left[\frac{2x^4}{4l^3}-\frac{3x^3}{3l^2}+x\right]_0^l=\frac{l}{2}$$

$$\int_0^l\left(\frac{x^3}{l^2}-\frac{2x^2}{l}+x\right)dx=\left[\frac{x^4}{4l^2}-\frac{2x^3}{3l}+\frac{x^2}{2}\right]_0^l=\frac{l^2}{12}$$

$$\int_0^l\left(-\frac{2x^3}{l^3}+\frac{3x^2}{l^2}\right)dx=\left[-\frac{x^4}{2\times l^3}+\frac{x^3}{l^2}\right]_0^l=\frac{l}{2}$$

$$\int_0^l\left(\frac{x^3}{l^2}-\frac{x^2}{l}\right)dx=\left[\frac{x^4}{4l^2}-\frac{x^3}{3l}\right]_0^l=-\frac{l^2}{12}$$

D'où l'expression finale de travail :

$$T = f.S.l\begin{bmatrix} \frac{1}{2} & \frac{l}{12} & \frac{1}{2} & -\frac{l}{12} \end{bmatrix} \times \begin{Bmatrix} v_1 \\ \theta_1 \\ v_2 \\ \theta_2 \end{Bmatrix} = [F_é] \times \begin{Bmatrix} v_1 \\ \theta_1 \\ v_2 \\ \theta_2 \end{Bmatrix}$$

Donc, le vecteur force généralisée est :

$$[F_é] = f.S.l\begin{bmatrix} \frac{1}{2} & \frac{l}{12} & \frac{1}{2} & -\frac{l}{12} \end{bmatrix}$$

Correction E.F.P 4

1. Isolons la poutre : on a un problème plan, on représente alors les actions appliquées sur la poutre dans la figure 8.10.

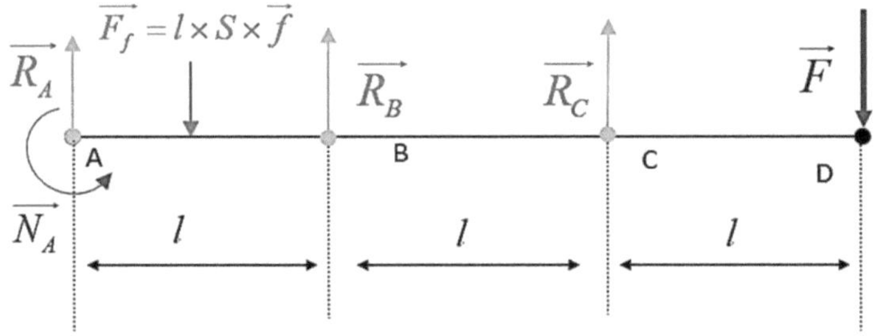

Fig 8.10 : Isolation de la poutre

On applique PFS en A :

$$\sum \overrightarrow{F_{ext}} = \vec{0}; \quad \rightarrow \overrightarrow{R_A} + \overrightarrow{R_B} + \overrightarrow{R_C} + \vec{F} + \overrightarrow{F_f} = \vec{0}$$

$$\rightarrow R_A + R_B + R_C - F - F_f = 0 \quad [1]$$

$$\sum \overrightarrow{M_{\vec{F}_{ext/A}}} = \vec{0}$$

$$N_A - \frac{l}{2} \times F_f + l \times R_B + 2.l \times R_C + 3.l \times F = 0 \qquad [2]$$

2. On a le nombre des inconnus statiques *ns = 4.*

3. On a nombre des équations *r = 2.*

4. Le degré d'hyperstatique *h = 2*. Donc, on ne peut pas déterminer les inconnues par le PFS.

5. On propose un maillage en 3 éléments de longueur (l) et 4 nœuds, comme le montre la figure 8.11 :

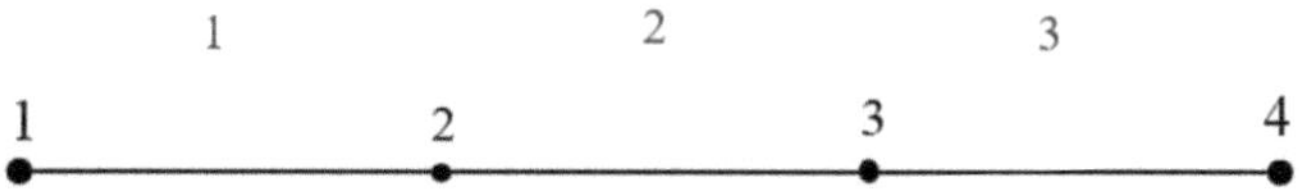

Fig 8.11 : Maillage de la poutre

6. Assemblage de la matrice des raideurs :
On a la matrice élémentaire est :

$$[k_{é}]=\frac{EI}{l^3}\begin{bmatrix} 12 & 6l & -12 & 6l \\ 6l & 4l^2 & -6l & 2l^2 \\ -12 & -6l & 12 & -6l \\ 6l & 2l^2 & -6l & 4l^2 \end{bmatrix}$$

Notre poutre est composée de trois éléments, donc la matrice de raideur est :

$$[k]=\frac{EI}{l^3}\begin{bmatrix} 12 & 6l & -12 & 6l & 0 & 0 & 0 & 0 \\ 6l & 4l^2 & -6l & 2l^2 & 0 & 0 & 0 & 0 \\ -12 & -6l & 24 & 0 & -12 & 6l & 0 & 0 \\ 6l & 2l^2 & 0 & 8l^2 & -6l & 2l^2 & 0 & 0 \\ 0 & 0 & -12 & -6l & 24 & 0 & -12 & 6l \\ 0 & 0 & 6l & 2l^2 & 0 & 8l^2 & -6l & 2l^2 \\ 0 & 0 & 0 & 0 & -12 & -6l & 12 & -6l \\ 0 & 0 & 0 & 0 & 6l & 2l^2 & -6l & 4l^2 \end{bmatrix}$$

7. Vecteur déplacement pour les 4 nœuds :

$$v=\{v_1 \quad \theta_1 \quad v_2 \quad \theta_2 \quad v_3 \quad \theta_3 \quad v_4 \quad \theta_4\}$$

On a encastrement au nœud 1 et appui simple en 2 et 3 donc :

$$v=\{0 \quad 0 \quad 0 \quad \theta_2 \quad 0 \quad \theta_3 \quad v_4 \quad \theta_4\}$$

8. Assemblage du vecteur des forces généralisées : on a une charge répartie sur le premier élément est une force au nœud 4.

$$[F]=\begin{bmatrix}\frac{f.S.l}{2} & \frac{f.S.l^2}{12} & \frac{f.S.l}{2} & -\frac{f.S.l^2}{12}\end{bmatrix} \quad \text{élément 1}$$

$$\begin{bmatrix}0 & 0 & 0 & 0\end{bmatrix} \quad \text{élément 2}$$

$$\begin{bmatrix}0 & 0 & -F & 0\end{bmatrix} \quad \text{élément 3}$$

$$=\begin{bmatrix}\frac{f.S.l}{2} & \frac{f.S.l^2}{12} & \frac{f.S.l}{2} & -\frac{f.S.l^2}{12} & 0 & 0 & -F & 0\end{bmatrix}$$

9. Vecteur des réactions : on a encastrement au nœud 1 est appui simple au nœud 2 et 3, donc on peut écrire :

$$[R]=\begin{bmatrix}R_1 & N_1 & R_2 & 0\end{bmatrix} \quad \text{élément 1}$$

$$\begin{bmatrix}0 & 0 & R_3 & 0\end{bmatrix} \quad \text{élément 2}$$

$$\begin{bmatrix}0 & 0 & 0 & 0\end{bmatrix} \quad \text{élément 3}$$

$$=\begin{bmatrix}R_1 & N_1 & R_2 & 0 & R_3 & 0 & 0 & 0\end{bmatrix} \quad \text{assemblage}$$

10. On obtient finalement le système suivant :

$$\frac{EI}{l^3}\begin{bmatrix}12 & 6l & -12 & 6l & 0 & 0 & 0 & 0\\ 6l & 4l^2 & -6l & 2l^2 & 0 & 0 & 0 & 0\\ -12 & -6l & 24 & 0 & -12 & 6l & 0 & 0\\ 6l & 2l^2 & 0 & 8l^2 & -6l & 2l^2 & 0 & 0\\ 0 & 0 & -12 & -6l & 24 & 0 & -12 & 6l\\ 0 & 0 & 6l & 2l^2 & 0 & 8l^2 & -6l & 2l^2\\ 0 & 0 & 0 & 0 & -12 & -6l & 12 & -6l\\ 0 & 0 & 0 & 0 & 6l & 2l^2 & -6l & 4l^2\end{bmatrix}\times\begin{bmatrix}0\\0\\0\\ \theta_2\\0\\ \theta_3\\ v_4\\ \theta_4\end{bmatrix}=\begin{bmatrix}f.S.l/2\\ f.S.l^2/12\\ f.S.l/2\\ -f.S.l^2/12\\ 0\\ 0\\ -F\\ 0\end{bmatrix}+\begin{bmatrix}R_1\\ N_1\\ R_2\\ 0\\ R_3\\ 0\\ 0\\ 0\end{bmatrix}$$

11. Ce système peut être résolu en deux temps :

On résout premièrement le système d'équations dont les inconnues sont les degrés de liberté. Le système d'équations obtenu est normalement de dimension (Nombre de degrés de liberté) x (Nombre de degrés de liberté -

nombre de déplacements imposés) soit (8x4) dans notre cas, comme les déplacements imposés sont nuls, le système se réduit à un système (4x4).

$$\frac{EI}{l^3}\begin{bmatrix} 12 & 6l & -12 & 6l & 0 & 0 & 0 & 0 \\ 6l & 4l^2 & -6l & 2l^2 & 0 & 0 & 0 & 0 \\ -12 & -6l & 24 & 0 & -12 & 6l & 0 & 0 \\ 6l & 2l^2 & 0 & 8l^2 & -6l & 2l^2 & 0 & 0 \\ 0 & 0 & -12 & -6l & 24 & 0 & -12 & 6l \\ 0 & 0 & 6l & 2l^2 & 0 & 8l^2 & -6l & 2l^2 \\ 0 & 0 & 0 & 0 & -12 & -6l & 12 & -6l \\ 0 & 0 & 0 & 0 & 6l & 2l^2 & -6l & 4l^2 \end{bmatrix} \times \begin{bmatrix} 0 \\ 0 \\ 0 \\ \theta_2 \\ 0 \\ \theta_3 \\ v_4 \\ \theta_4 \end{bmatrix} = \begin{bmatrix} f.S.l/2 \\ f.S.l^2/12 \\ f.S.l/2 \\ -f.S.l^2/12 \\ 0 \\ 0 \\ -F \\ 0 \end{bmatrix} + \begin{bmatrix} R_1 \\ N_1 \\ R_2 \\ 0 \\ R_3 \\ 0 \\ 0 \\ 0 \end{bmatrix}$$

Système réduit :

$$\frac{EI}{l^3}\begin{bmatrix} 8l^2 & 2l^2 & 0 & 0 \\ 2l^2 & 8l^2 & -6l & 2l^2 \\ 0 & -6l & 12 & -6l \\ 0 & 2l^2 & -6l & 4l^2 \end{bmatrix} \times \begin{bmatrix} \theta_2 \\ \theta_3 \\ v_4 \\ \theta_4 \end{bmatrix} = \begin{bmatrix} -f.S.l^2/12 \\ 0 \\ -F \\ 0 \end{bmatrix}$$

Donc on a :

$$\begin{bmatrix} \theta_2 \\ \theta_3 \\ v_4 \\ \theta_4 \end{bmatrix} = \frac{l^3}{EI}\begin{bmatrix} 8l^2 & 2l^2 & 0 & 0 \\ 2l^2 & 8l^2 & -6l & 2l^2 \\ 0 & -6l & 12 & -6l \\ 0 & 2l^2 & -6l & 4l^2 \end{bmatrix}^{-1} \times \begin{bmatrix} -f.S.l^2/12 \\ 0 \\ -F \\ 0 \end{bmatrix}$$

Dans un deuxième temps on peut trouver les inconnues en variables duales (Efforts et moments) en calculant directement :

$$\begin{bmatrix} R_1 \\ N_1 \\ R_2 \\ 0 \\ R_3 \\ 0 \\ 0 \\ 0 \end{bmatrix} = \frac{EI}{l^3} \begin{bmatrix} 12 & 6l & -12 & 6l & 0 & 0 & 0 & 0 \\ 6l & 4l^2 & -6l & 2l^2 & 0 & 0 & 0 & 0 \\ -12 & -6l & 24 & 0 & -12 & 6l & 0 & 0 \\ 6l & 2l^2 & 0 & 8l^2 & -6l & 2l^2 & 0 & 0 \\ 0 & 0 & -12 & -6l & 24 & 0 & -12 & 6l \\ 0 & 0 & 6l & 2l^2 & 0 & 8l^2 & -6l & 2l^2 \\ 0 & 0 & 0 & 0 & -12 & -6l & 12 & -6l \\ 0 & 0 & 0 & 0 & 6l & 2l^2 & -6l & 4l^2 \end{bmatrix} \times \begin{bmatrix} 0 \\ 0 \\ 0 \\ \theta_2 \\ 0 \\ \theta_3 \\ v_4 \\ \theta_4 \end{bmatrix} - \begin{bmatrix} f.S.l/2 \\ f.S.l^2/12 \\ f.S.l/2 \\ -f.S.l^2/12 \\ 0 \\ 0 \\ -F \\ 0 \end{bmatrix}$$

12. Programme sur Matlab :

Sur **Matlab** on écrit ces trois lignes on obtient l'inverse de cette matrice.

```
syms   l
A=[ 8*l^2  2*l^ 2   0  0;  2*l^ 2   8*l^2  -6*l  2*l^ 2 ; 0  -6*l 12
-6*l;  0  2*l^ 2  -6*l  4*l^ 2] ;
inv(A)
ans =
 [   1/(7*l^ 2), -1/(14*l^ 2), -1/(14*l), -1/(14*l^ 2)]
[ -1/(14*l^ 2),  2/(7*l^ 2),   2/(7*l),   2/(7*l^ 2)]
[  -1/(14*l),      2/(7*l),       13/21,   11/(14*l)]
[ -1/(14*l^ 2),   2/(7*l^ 2), 11/(14*l),   9/(7*l^ 2)]
```

L'inverse de notre matrice est alors :

$$\begin{bmatrix} 8l^2 & 2l^2 & 0 & 0 \\ 2l^2 & 8l^2 & -6l & 2l^2 \\ 0 & -6l & 12 & -6l \\ 0 & 2l^2 & -6l & 4l^2 \end{bmatrix}^{-1} = \begin{bmatrix} \frac{1}{7l^2} & \frac{-1}{14l^2} & \frac{-1}{14l} & \frac{-1}{14l^2} \\ \frac{-1}{14l^2} & \frac{2}{7l^2} & \frac{2}{7l} & \frac{2}{7l^2} \\ \frac{-1}{14l} & \frac{2}{7l} & \frac{13}{21} & \frac{11}{14l} \\ \frac{-1}{14l^2} & \frac{2}{7l^2} & \frac{11}{14l} & \frac{9}{7l^2} \end{bmatrix}$$

13. Calcule donc les déplacements

$$\begin{bmatrix} \theta_2 \\ \theta_3 \\ v_4 \\ \theta_4 \end{bmatrix} = \frac{l^3}{EI} \begin{bmatrix} \frac{1}{7l^2} & \frac{-1}{14l^2} & \frac{-1}{14l} & \frac{-1}{14l^2} \\ \frac{-1}{14l^2} & \frac{2}{7l^2} & \frac{2}{7l} & \frac{2}{7l^2} \\ \frac{-1}{14l} & \frac{2}{7l} & \frac{13}{21} & \frac{11}{14l} \\ \frac{-1}{14l^2} & \frac{2}{7l^2} & \frac{11}{14l} & \frac{9}{7l^2} \end{bmatrix} \times \begin{bmatrix} -f.S.l^2/12 \\ 0 \\ -F \\ 0 \end{bmatrix}$$

$$\begin{bmatrix} \theta_2 \\ \theta_3 \\ v_4 \\ \theta_4 \end{bmatrix} = \frac{l}{7EI} \begin{bmatrix} 1 & \frac{-1}{2} & \frac{-1l}{2} & \frac{-1}{2} \\ \frac{-1}{2} & 2 & 2l & 2 \\ \frac{-1l}{2} & 2l & \frac{13l^2}{3} & \frac{11l}{2} \\ \frac{-1}{2} & 2 & \frac{11l}{2} & 9 \end{bmatrix} \times \begin{bmatrix} -f.S.l^2/12 \\ 0 \\ -F \\ 0 \end{bmatrix}$$

D'où :

$$\theta_2 = \frac{l}{7EI}\left[\frac{-f.S.l^2}{12} + \frac{Fl}{2}\right]$$

$$\theta_3 = \frac{l}{7EI}\left[\frac{f.S.l^2}{24} - 2Fl\right]$$

$$v_4 = \frac{l}{7EI}\left[\frac{f.S.l^3}{24} - \frac{13Fl^2}{3}\right]$$

$$\theta_4 = \frac{l}{7EI}\left[\frac{f.S.l^2}{24} - \frac{11Fl}{2}\right]$$

On calcule les réactions, le système (1) donne :

$$R_1 = \frac{EI}{l^3} \times 6l \times \theta_2 - \frac{f.S.l}{2}$$
$$= \frac{EI}{l^3} \times 6l \times \frac{l}{7EI}\left[\frac{-f.S.l^2}{12} + \frac{Fl}{2}\right] - \frac{f.S.l}{2}$$

On a :

$$R_1 = \frac{-8f.S.l}{14} + \frac{3F}{7}$$

$$N_1 = \frac{EI}{l^3} \times 2l^2 \times \theta_2 - \frac{f.S.l^2}{2}$$
$$= \frac{EI}{l^3} \times 2l^2 \times \frac{l}{7EI}\left[\frac{-f.S.l^2}{12} + \frac{Fl}{2}\right] - \frac{f.S.l^2}{2}$$

Donc :

$$N_1 = \frac{-11f.S.l^2}{21} + \frac{Fl}{7}$$

On a :

$$R_2 = \frac{EI}{l^3} \times 6l \times \theta_3 - \frac{f.S.l}{2}$$
$$= \frac{EI}{l^3} \times 6l \times \frac{l}{7EI}\left[\frac{f.S.l^2}{24} - 2Fl\right] - \frac{f.S.l}{2}$$

Donc :

$$R_2 = -\frac{13f.S.l}{28} - \frac{12F}{7}$$

On a :

$$R_3 = \frac{EI}{l^3} \times \left[-6l \times \theta_2 - 12 \times v_4 + 6l \times \theta_4 \right]$$

$$R_3 = \frac{EI}{l^3} \times \frac{l}{7EI} \left[-6l \times \left[\frac{-f.S.l^2}{12} - \frac{Fl}{2} \right] - 12 \times \left[\frac{f.S.l^3}{24} - \frac{13Fl^2}{3} \right] \right]$$

$$+ \frac{EI}{l^3} \times \frac{l}{7EI} \times 6l \times \left[\frac{f.S.l^2}{24} - \frac{11Fl}{2} \right]$$

Donc :

$$R_3 = \frac{f.S.l}{28} + \frac{16F}{7}$$

Chapitre 9
Éléments finis treillis

Dans cette partie, la série d'exercices concerne les calculs des treillis par la méthode des éléments finis. On y traite les problèmes des treillis en traction-compression simple.

1. Formules & Notes de cours

• Tronçon de barre en traction formant un angle avec l'axe des x.

Dans le cas d'un élément formant un angle α avec l'axe $\overrightarrow{x_0}$ du repère global, comme le montre la figure 9.1.

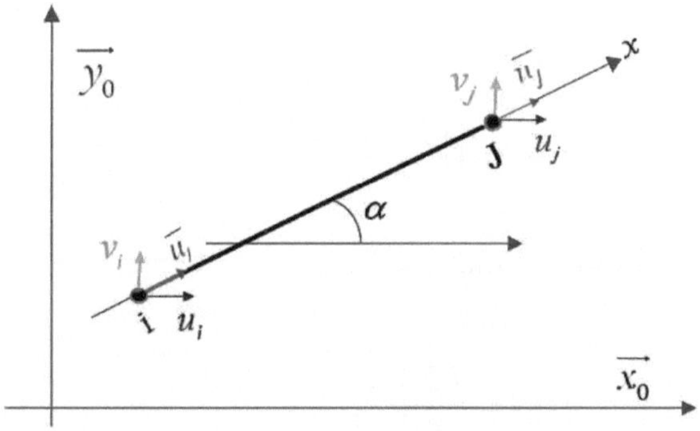

Fig 9.1: Modèle de barre formant un angle avec l'axe des x

L'expression des déplacements axiaux en fonction de ses composantes sur la base globale.

$$\begin{Bmatrix} \overline{u_i} \\ \overline{u_j} \end{Bmatrix} = \begin{bmatrix} \cos(\alpha) & \sin(\alpha) & 0 & 0 \\ 0 & 0 & \cos(\alpha) & \sin(\alpha) \end{bmatrix} \times \begin{Bmatrix} u_i \\ v_i \\ u_j \\ v_j \end{Bmatrix}$$

- **L'énergie de déformation**

L'expression de l'énergie de déformation :

$$W = \frac{1}{2} {}^t\begin{Bmatrix} \overline{u_i} \\ \overline{u_j} \end{Bmatrix} [k_é] \begin{Bmatrix} \overline{u_i} \\ \overline{u_j} \end{Bmatrix}$$

- **Expression de la matrice de raideur**

L'expression de la nouvelle matrice de raideur élémentaire sur les variables $\langle u_i \ v_i \ u_j \ v_j \rangle$ est :

$$W = \frac{1}{2}\begin{Bmatrix} u_i \\ v_i \\ u_j \\ v_j \end{Bmatrix}^T \begin{bmatrix} \cos(\alpha) & \sin(\alpha) & 0 & 0 \\ 0 & 0 & \cos(\alpha) & \sin(\alpha) \end{bmatrix}^T [k_é] \begin{bmatrix} \cos(\alpha) & \sin(\alpha) & 0 & 0 \\ 0 & 0 & \cos(\alpha) & \sin(\alpha) \end{bmatrix} \begin{Bmatrix} u_i \\ v_i \\ u_j \\ v_j \end{Bmatrix}$$

$$[k_é] = \frac{ES}{l} \begin{bmatrix} \cos(\alpha) & \sin(\alpha) & 0 & 0 \\ 0 & 0 & \cos(\alpha) & \sin(\alpha) \end{bmatrix}^T \times \begin{bmatrix} 1 & -1 \\ -1 & 1 \end{bmatrix} \times \begin{bmatrix} \cos(\alpha) & \sin(\alpha) & 0 & 0 \\ 0 & 0 & \cos(\alpha) & \sin(\alpha) \end{bmatrix}^T$$

L'expression de la nouvelle matrice de raideur élémentaire est :

$$[k_é] = \frac{ES}{l} \begin{bmatrix} [A] & -[A] \\ -[A] & [A] \end{bmatrix}$$

Avec :

$$[A] = \begin{bmatrix} \mathrm{Cos}(\alpha)^2 & \mathrm{Cos}(\alpha)\sin(\alpha) \\ \mathrm{Cos}(\alpha)\sin(\alpha) & \sin(\alpha)^2 \end{bmatrix}$$

• **Expression de la contrainte**

L'expression de l'effort normale pour calculer l'état de contrainte est :

$$N = \frac{ES}{l} \times \left(\overline{u_j} - \overline{u_i} \right) = \frac{ES}{l} \times \langle \cos(\alpha) \quad \sin(\alpha) \rangle \times \begin{Bmatrix} u_j - u_i \\ v_j - v_i \end{Bmatrix}$$

2. Exercices

Exercice E.F.T 1 : Étude de structure à trois barres

Nous nous intéressons ici aux structures composées de barres droites sollicitées uniquement en traction ou compression. Ce sont des « treillis », structures formées de barres liées entre elles par des liaisons de type « rotule », « pivot » ou « articulation » et chargées par des forces s'exerçant uniquement au niveau des liaisons.

Considérons un treillis formé par trois barres articulées comme défini sur la figure 9.2 ci-après.

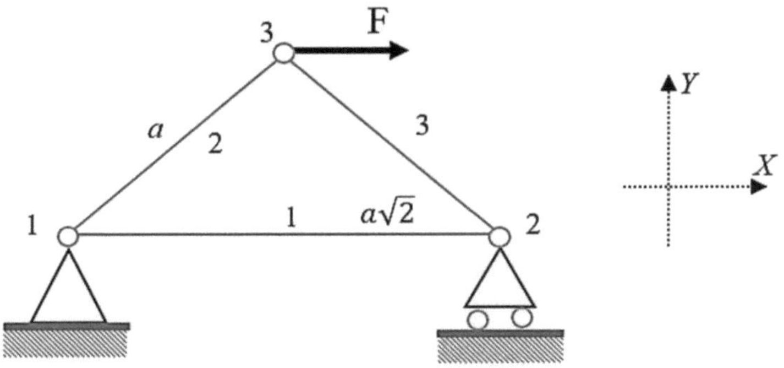

Fig 9.2: Modèle de treillis

1. Établir la matrice de rigidité de chaque élément.
2. Établir la matrice de rigidité du treillis.
3. Établir le vecteur des déplacements nodaux.
4. Établir le vecteur des forces nodales.
5. Donner l'équation matricielle à résoudre.
6. Établir l'expression des déplacements des nœuds.
7. Établir l'expression des actions de liaison.
8. Établir l'expression des contraintes dans les 3 barres.

Exercice E.F.T 2 : Étude de structure à six barres

Considérons un treillis formé de six barres articulées comme défini par la figure 9.3 ci-après.

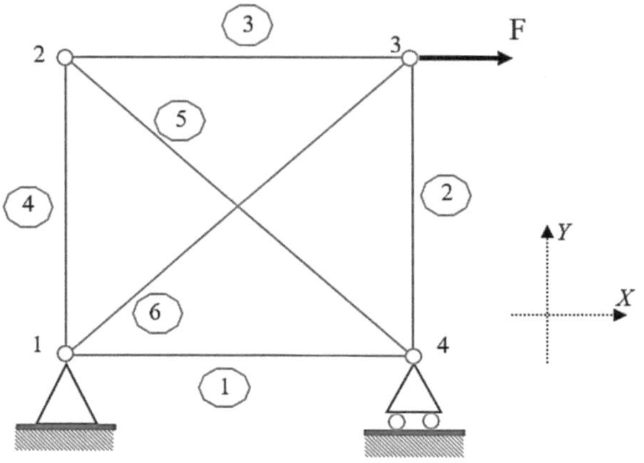

Fig 9.3: Modèle de treillis

Les caractéristiques des barres sont les suivantes :

– longueurs $L_1 = L_2 = L_3 = L_4 = L$ et $L_5 = L_6 = \sqrt{2}\,L$

– surfaces des sections $S_1 = S_2 = S_3 = S_4 = S$ et $S_5 = S_6 = \sqrt{2}\,S$

– même matériau de module d'élasticité E

1. Établir la matrice de rigidité de chaque élément.
2. Établir la matrice de rigidité [K] du treillis.
3. Déterminer les conditions aux limites.
4. Donner le système qui permettra de calculer les déplacements.
5. Établir l'expression des déplacements des nœuds.
6. Établir l'expression des actions de liaison.

Ci-après quelques documents supports pour les calculs.

– Tableau récapitulatif

Élément	*Nœud I*	*Nœud J*	*E.S/L*	*α*	*Cos(α)*	*Sin(α)*

– Matrice de rigidité des éléments

$$\begin{array}{c} \qquad\qquad \text{N.} \qquad\quad \text{N.} \\ [k_1] = \frac{\cdots}{\cdots}\begin{bmatrix} \cdots & \cdots & \cdots & \cdots \\ \cdots & \cdots & \cdots & \cdots \\ \cdots & \cdots & \cdots & \cdots \\ \cdots & \cdots & \cdots & \cdots \end{bmatrix} \begin{array}{c} \text{N.} \\ \\ \text{N.} \end{array} \end{array}$$

$$\begin{array}{c} \qquad\qquad \text{N.} \qquad\quad \text{N.} \\ [k_2] = \frac{\cdots}{\cdots}\begin{bmatrix} \cdots & \cdots & \cdots & \cdots \\ \cdots & \cdots & \cdots & \cdots \\ \cdots & \cdots & \cdots & \cdots \\ \cdots & \cdots & \cdots & \cdots \end{bmatrix} \begin{array}{c} \text{N.} \\ \\ \text{N.} \end{array} \end{array}$$

$$\begin{array}{c} \qquad\qquad \text{N.} \qquad\quad \text{N.} \\ [k_3] = \frac{\cdots}{\cdots}\begin{bmatrix} \cdots & \cdots & \cdots & \cdots \\ \cdots & \cdots & \cdots & \cdots \\ \cdots & \cdots & \cdots & \cdots \\ \cdots & \cdots & \cdots & \cdots \end{bmatrix} \begin{array}{c} \text{N.} \\ \\ \text{N.} \end{array} \end{array}$$

$$\begin{array}{c} \qquad\qquad \text{N.} \qquad\quad \text{N.} \\ [k_4] = \frac{\cdots}{\cdots}\begin{bmatrix} \cdots & \cdots & \cdots & \cdots \\ \cdots & \cdots & \cdots & \cdots \\ \cdots & \cdots & \cdots & \cdots \\ \cdots & \cdots & \cdots & \cdots \end{bmatrix} \begin{array}{c} \text{N.} \\ \\ \text{N.} \end{array} \end{array}$$

$$\begin{array}{c} \qquad\quad \text{N.} \qquad \text{N.} \\ [k_5] = \frac{\cdots}{\cdots}\begin{bmatrix} \cdots & \cdots & \cdots & \cdots \\ \cdots & \cdots & \cdots & \cdots \\ \cdots & \cdots & \cdots & \cdots \\ \cdots & \cdots & \cdots & \cdots \end{bmatrix}\begin{matrix} \text{N.} \\ \\ \text{N.} \\ \end{matrix} \end{array}$$

$$\begin{array}{c} \qquad\quad \text{N.} \qquad \text{N.} \\ [k_6] = \frac{\cdots}{\cdots}\begin{bmatrix} \cdots & \cdots & \cdots & \cdots \\ \cdots & \cdots & \cdots & \cdots \\ \cdots & \cdots & \cdots & \cdots \\ \cdots & \cdots & \cdots & \cdots \end{bmatrix}\begin{matrix} \text{N.} \\ \\ \text{N.} \\ \end{matrix} \end{array}$$

– Matrice de rigidité du treillis

$$\begin{array}{c} \qquad \text{N.} \qquad \text{N.} \\ [k] = \frac{\cdots}{\cdots}\begin{bmatrix} \cdots & \cdots & \cdots & \cdots & \cdots & \cdots & \cdots & \cdots \\ \cdots & \cdots & \cdots & \cdots & \cdots & \cdots & \cdots & \cdots \\ \cdots & \cdots & \cdots & \cdots & \cdots & \cdots & \cdots & \cdots \\ \cdots & \cdots & \cdots & \cdots & \cdots & \cdots & \cdots & \cdots \\ \cdots & \cdots & \cdots & \cdots & \cdots & \cdots & \cdots & \cdots \\ \cdots & \cdots & \cdots & \cdots & \cdots & \cdots & \cdots & \cdots \\ \cdots & \cdots & \cdots & \cdots & \cdots & \cdots & \cdots & \cdots \\ \cdots & \cdots & \cdots & \cdots & \cdots & \cdots & \cdots & \cdots \end{bmatrix}\begin{matrix} N. \\ \\ N. \\ \\ \\ \\ \\ \\ \end{matrix} \end{array}$$

3. Corrections

Correction E.F.T 1

Analyse du problème :
Le problème posé est plan. Notre structure est composée de trois éléments et de trois nœuds comme définis sur la figure 9.4 suivante.

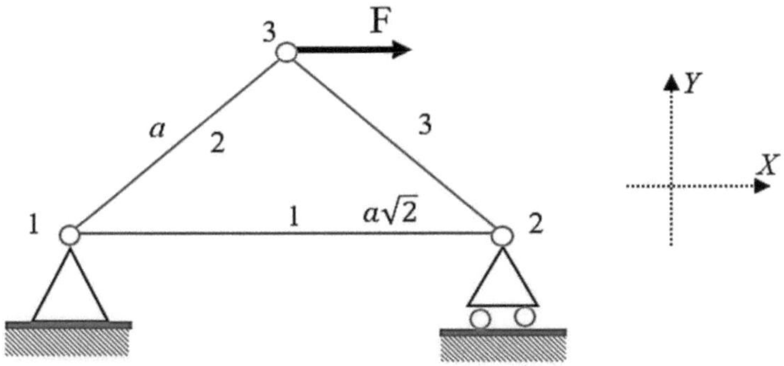

Fig 9.4: Modèle de treillis

Tableau récapitulatif des caractéristiques des éléments

Élément	Nœud i	Nœud j	L	α	Cos(α)	Sin(α)
1	1	2	$a\sqrt{2}$	0	1	0
2	1	3	a	45°	$\sqrt{2}/2$	$\sqrt{2}/2$
3	3	2	a	135°	$-\sqrt{2}/2$	$\sqrt{2}/2$

1. Matrice de rigidité pour chaque élément.

Pour l'élément 1 (1,2)

On a :

$$[A]=\begin{bmatrix} \mathrm{Cos}(\alpha)^2 & \mathrm{Cos}(\alpha)\sin(\alpha) \\ \mathrm{Cos}(\alpha)\sin(\alpha) & \sin(\alpha)^2 \end{bmatrix}=\begin{bmatrix} 1 & 0 \\ 0 & 0 \end{bmatrix}$$

Alors :

$$[k_1]=\frac{ES}{a\sqrt{2}}\begin{bmatrix} 1 & 0 & -1 & 0 \\ 0 & 0 & 0 & 0 \\ -1 & 0 & 1 & 0 \\ 0 & 0 & 0 & 0 \end{bmatrix}=\frac{ES}{2a}\begin{bmatrix} \sqrt{2} & 0 & -\sqrt{2} & 0 \\ 0 & 0 & 0 & 0 \\ -\sqrt{2} & 0 & \sqrt{2} & 0 \\ 0 & 0 & 0 & 0 \end{bmatrix}$$

Pour l'élément 2 (1,3)

On a :

$$[A]=\begin{bmatrix} \mathrm{Cos}(\alpha)^2 & \mathrm{Cos}(\alpha)\sin(\alpha) \\ \mathrm{Cos}(\alpha)\sin(\alpha) & \sin(\alpha)^2 \end{bmatrix}=\frac{1}{2}\begin{bmatrix} 1 & 1 \\ 1 & 1 \end{bmatrix}$$

Alors :

$$[k_2]=\frac{ES}{2a}\begin{bmatrix} 1 & 1 & -1 & -1 \\ 1 & 1 & -1 & -1 \\ -1 & -1 & 1 & 1 \\ -1 & -1 & 1 & 1 \end{bmatrix}$$

Pour l'élément 3 (3,2)

On a :

$$[A]=\begin{bmatrix} \mathrm{Cos}(\alpha)^2 & \mathrm{Cos}(\alpha)\sin(\alpha) \\ \mathrm{Cos}(\alpha)\sin(\alpha) & \sin(\alpha)^2 \end{bmatrix}=\frac{1}{2}\begin{bmatrix} 1 & -1 \\ -1 & 1 \end{bmatrix}$$

Alors :

$$[k_3]=\frac{ES}{2a}\begin{bmatrix} 1 & -1 & -1 & 1 \\ -1 & 1 & 1 & -1 \\ -1 & 1 & 1 & -1 \\ 1 & -1 & -1 & 1 \end{bmatrix}$$

2. La matrice de rigidité du treillis.
Récapitulatif des matrices élémentaires.

$$\begin{array}{c} \qquad\quad \mathrm{N1} \qquad \mathrm{N2} \\ [k_1]=\frac{ES}{2a}\begin{bmatrix} \sqrt{2} & 0 & -\sqrt{2} & 0 \\ 0 & 0 & 0 & 0 \\ -\sqrt{2} & 0 & \sqrt{2} & 0 \\ 0 & 0 & 0 & 0 \end{bmatrix}\begin{matrix} \mathrm{N1} \\ \\ \mathrm{N2} \end{matrix} \end{array} \qquad \begin{array}{c} \qquad\quad \mathrm{N1} \qquad \mathrm{N3} \\ [k_2]=\frac{ES}{2a}\begin{bmatrix} 1 & 1 & -1 & -1 \\ 1 & 1 & -1 & -1 \\ -1 & -1 & 1 & 1 \\ -1 & -1 & 1 & 1 \end{bmatrix}\begin{matrix} \mathrm{N1} \\ \\ \mathrm{N3} \end{matrix} \end{array}$$

$$[k_3]=\frac{ES}{2a}\begin{bmatrix} 1 & -1 & -1 & 1 \\ -1 & 1 & 1 & -1 \\ -1 & 1 & 1 & -1 \\ 1 & -1 & -1 & 1 \end{bmatrix}\begin{matrix} \text{N3} \\ \\ \text{N2} \end{matrix}$$

(columns: N3, N2)

Assemblage des trois matrices

$$[k]=\frac{ES}{2a}\begin{bmatrix} 1+\sqrt{2} & 0+1 & -\sqrt{2} & 0 & -1 & -1 \\ 0+1 & 0+1 & 0 & 0 & -1 & -1 \\ -\sqrt{2} & 0 & 1+\sqrt{2} & 0-1 & -1 & 1 \\ 0 & 0 & 0-1 & 0+1 & 1 & -1 \\ -1 & -1 & -1 & 1 & 1+1 & 1-1 \\ -1 & -1 & 1 & -1 & 1-1 & 1+1 \end{bmatrix}\begin{matrix} N1 \\ \\ N2 \\ \\ N3 \end{matrix}$$

(columns: N1, N2, N3)

Matrice finale

$$[k]=\frac{ES}{2a}\begin{bmatrix} 1+\sqrt{2} & 1 & -\sqrt{2} & 0 & -1 & -1 \\ 1 & 1 & 0 & 0 & -1 & -1 \\ -\sqrt{2} & 0 & 1+\sqrt{2} & -1 & -1 & 1 \\ 0 & 0 & 1 & 1 & 1 & -1 \\ -1 & -1 & -1 & 1 & 2 & 0 \\ -1 & -1 & 1 & -1 & 0 & 2 \end{bmatrix}$$

3. Le vecteur des déplacements nodaux.

Nous avons 3 nœuds à deux variables par nœud (u_i, v_i), les déplacements du nœud dans le plan.

Model à 6 degrés de liberté. D'où le vecteur de déplacements nodaux est :

$$\{U\}^T=\{u_1 \quad v_1 \quad u_2 \quad v_2 \quad u_3 \quad v_3\}$$

Les conditions aux limites :

- Appui au nœud 1 : $\begin{cases} u_1 = 0 \\ v_1 = 0 \end{cases}$

  Fait apparaître deux composantes de l'effort inconnu : $\begin{cases} X_1 \\ Y_1 \end{cases}$

- Appui glissant au nœud 2 : $v_1 = 0$

  Fait apparaître une composante de l'effort inconnu : Y_2

Finalement on obtient le vecteur de déplacements nodaux :

$$\{U\}^T = \{0 \quad 0 \quad u_2 \quad 0 \quad u_3 \quad v_3\}$$

4. Le vecteur des forces nodales.

On a une force F appliquée au nœud 3 et 3 forces inconnus des appuis aux nœuds 1 et 2. D'où le vecteur des forces nodales est :

$$\{F\}^T = \{X_1 \quad Y_1 \quad 0 \quad Y_2 \quad F \quad 0\}$$

5. L'équation matricielle à résoudre :

$$[k] \times \{U\} = \{F\}$$

$$\rightarrow \frac{ES}{2a}\begin{bmatrix} 1+\sqrt{2} & 1 & -\sqrt{2} & 0 & -1 & -1 \\ 1 & 1 & 0 & 0 & -1 & -1 \\ -\sqrt{2} & 0 & 1+\sqrt{2} & -1 & -1 & 1 \\ 0 & 0 & 1 & 1 & 1 & -1 \\ -1 & -1 & -1 & 1 & 2 & 0 \\ -1 & -1 & 1 & -1 & 0 & 2 \end{bmatrix} \times \begin{Bmatrix} 0 \\ 0 \\ u_2 \\ 0 \\ u_3 \\ v_3 \end{Bmatrix} = \begin{Bmatrix} X_1 \\ Y_1 \\ 0 \\ Y_2 \\ F \\ 0 \end{Bmatrix} \qquad [1]$$

6. L'expression des déplacements des nœuds :

Les équations 3,5 et 6 du système [1] nous permettent de déterminer le champ de déplacement de la structure.

Le système réduit :

$$\frac{ES}{2a}\begin{bmatrix} 1+\sqrt{2} & -1 & 1 \\ -1 & 2 & 0 \\ 1 & 0 & 2 \end{bmatrix} \times \begin{Bmatrix} u_2 \\ u_3 \\ v_3 \end{Bmatrix} = \begin{Bmatrix} 0 \\ F \\ 0 \end{Bmatrix} \quad [2]$$

Après inversion de la matrice sur Matlab et calcul des inconnus ou résolution du système d'équations [2], on obtient les déplacements de la structure :

$$\begin{Bmatrix} u_2 \\ u_3 \\ v_3 \end{Bmatrix} = \frac{Fa}{ES} \times \begin{Bmatrix} \dfrac{1}{\sqrt{2}} \\ 1+\dfrac{1}{2\sqrt{2}} \\ -\dfrac{1}{2\sqrt{2}} \end{Bmatrix}$$

7. L'expression des actions de liaison :

Les équations 1,2 et 4 du système [1] nous donneront les efforts aux appuis en fonction de ces déplacements.

$$\begin{cases} X_1 = \dfrac{ES}{2a}\left(-\sqrt{2}u_2 - (u_3+v_3)\right) \\ Y_1 = \dfrac{ES}{2a}(u_3+v_3) \\ Y_2 = \dfrac{ES}{2a}(-u_2+u_3+v_3) \end{cases} \Rightarrow \begin{cases} X_1 = -F \\ Y_1 = -F/2 \\ Y_2 = F/2 \end{cases}$$

8. L'expression des contraintes dans les 3 barres.

Pour calculer la contrainte dans les éléments, nous utilisons les résultats de cours suivants :

$$N_e = \frac{ES}{l} \times \langle \cos(\alpha) \quad \sin(\alpha) \rangle \times \begin{Bmatrix} u_j - u_i \\ v_j - v_i \end{Bmatrix}$$

$$\sigma_e = \frac{N_e}{S}$$

D'où :

$$N_1 = \frac{ES}{l} \times \langle 1 \quad 0 \rangle \times \begin{Bmatrix} u_2 - u_1 \\ v_2 - v_1 \end{Bmatrix} = \frac{ES}{l} \times \langle 1 \quad 0 \rangle \times \begin{Bmatrix} u_2 \\ 0 \end{Bmatrix} = \frac{ES}{l}(u_2) = \frac{F}{2}$$

$$\rightarrow \sigma_1 = \frac{F}{2S}$$

$$N_2 = \frac{ES}{l} \times \left\langle \frac{\sqrt{2}}{2} \quad \frac{\sqrt{2}}{2} \right\rangle \times \begin{Bmatrix} u_3 - u_1 \\ v_3 - v_1 \end{Bmatrix} = \frac{ES}{l} \times \langle 1 \quad 0 \rangle \times \begin{Bmatrix} u_3 \\ v_3 \end{Bmatrix}$$

$$= \frac{ES}{l} \times \frac{\sqrt{2}}{2}(u_3 + v_3) = F / \sqrt{2}$$

$$\rightarrow \sigma_2 = \frac{F}{\sqrt{2}S}$$

$$N_3 = \frac{ES}{l} \times \left\langle -\frac{\sqrt{2}}{2} \quad \frac{\sqrt{2}}{2} \right\rangle \times \begin{Bmatrix} u_2 - u_3 \\ v_2 - v_3 \end{Bmatrix} = \frac{ES}{l} \times \langle 1 \quad 0 \rangle \times \begin{Bmatrix} u_2 - u_3 \\ -v_3 \end{Bmatrix}$$

$$= \frac{ES}{\sqrt{2}l}(u_3 - v_3 - u_2) = -F / \sqrt{2}$$

$$\rightarrow \sigma_3 = \frac{-F}{\sqrt{2}S}$$

Correction E.F.T 2

Le problème posé est plan. Notre structure est composée de six éléments et de quatre nœuds comme définis sur la figure 9.3.

Tableau récapitulatif

Élément	*Nœud I*	*Nœud J*	*E.S/L*	*α°*	*Cos(α)*	*Sin(α)*
1	1	4	$E\times S/L$	0	1	0
2	4	3	$E\times S/L$	90	0	1
3	2	3	$E\times S/L$	0	1	0
4	1	2	$E\times S/L$	90	0	1
5	2	4	$E\times S/L$	135	$-\sqrt{2}/2$	$\sqrt{2}/2$
6	1	3	$E\times S/L$	45	$\sqrt{2}/2$	$\sqrt{2}/2$

1. Matrice de rigidité des éléments

N1 N4

$$[k_1]=\frac{ES}{L}\begin{bmatrix}1 & 0 & -1 & 0\\ 0 & 0 & 0 & 0\\ -1 & 0 & 1 & 0\\ 0 & 0 & 0 & 0\end{bmatrix}\begin{matrix}N1\\ \\ N4\end{matrix}$$

N3 N4

$$[k_2]=\frac{ES}{L}\begin{bmatrix}0 & 0 & 0 & 0\\ 0 & 1 & 0 & -1\\ 0 & 0 & 0 & 0\\ 0 & -1 & 0 & 1\end{bmatrix}\begin{matrix}N3\\ \\ N4\end{matrix}$$

N2 N3

$$[k_3]=\frac{ES}{L}\begin{bmatrix}1 & 0 & -1 & 0\\ 0 & 0 & 0 & 0\\ -1 & 0 & 1 & 0\\ 0 & 0 & 0 & 0\end{bmatrix}\begin{matrix}N2\\ \\ N3\end{matrix}$$

$$
\begin{array}{c} \quad\quad N1 \quad\quad\quad N2 \end{array}
$$

$$
[k_4] = \frac{ES}{L}\begin{bmatrix} 0 & 0 & 0 & 0 \\ 0 & 1 & 0 & -1 \\ 0 & 0 & 0 & 0 \\ 0 & -1 & 0 & 1 \end{bmatrix}\begin{matrix} N1 \\ \\ N2 \\ \end{matrix}
$$

$$
\begin{array}{c} \quad\quad N2 \quad\quad\quad N4 \end{array}
$$

$$
[k_5] = \frac{ES}{2L}\begin{bmatrix} 1 & -1 & -1 & 1 \\ -1 & 1 & 1 & -1 \\ -1 & 1 & 1 & -1 \\ 1 & -1 & -1 & 1 \end{bmatrix}\begin{matrix} N2 \\ \\ N4 \\ \end{matrix}
$$

$$
\begin{array}{c} \quad\quad N1 \quad\quad\quad N3 \end{array}
$$

$$
[k_6] = \frac{ES}{2L}\begin{bmatrix} 1 & 1 & -1 & -1 \\ 1 & 1 & -1 & -1 \\ -1 & -1 & 1 & 1 \\ -1 & -1 & 1 & 1 \end{bmatrix}\begin{matrix} N1 \\ \\ N3 \\ \end{matrix}
$$

2. Matrice de rigidité du treillis

$$
\begin{array}{c} \quad\quad N1 \quad\quad\quad\quad N2 \quad\quad\quad\quad N3 \quad\quad\quad N4 \end{array}
$$

$$
[k] = \frac{ES}{2L}\begin{bmatrix} 3 & 1 & 0 & 0 & -1 & -1 & -2 & 0 \\ 1 & 3 & 0 & -2 & -1 & -1 & 0 & 0 \\ 0 & 0 & 3 & -1 & -2 & 0 & -1 & 1 \\ 0 & -2 & -1 & 3 & 0 & 0 & 1 & -1 \\ -1 & -1 & -2 & 0 & 3 & 1 & 0 & 0 \\ -1 & -1 & 0 & 0 & 1 & 3 & 0 & -2 \\ -2 & 0 & -1 & 1 & 0 & 0 & 3 & -1 \\ 0 & 0 & 1 & -1 & 0 & -2 & -1 & 3 \end{bmatrix}\begin{matrix} N1 \\ \\ N2 \\ \\ N3 \\ \\ N4 \\ \\ \end{matrix}
$$

3. Les conditions aux limites

Nous avons 4 nœuds à deux variables par nœud (u_i, v_i) , les déplacements du nœud dans le plan.

Model à 8 degrés de liberté. D'où le vecteur de déplacements nodaux est :

$$\{U\}^T = \{u_1 \quad v_1 \quad u_2 \quad v_2 \quad u_3 \quad v_3 \quad u_4 \quad v_4\}$$

Les conditions aux limites :

- Appui au nœud 1 : $\begin{cases} u_1 = 0 \\ v_1 = 0 \end{cases}$

  Fait apparaître deux composantes de l'effort inconnu : $\begin{cases} X_1 \\ Y_1 \end{cases}$

- Appui glissant au nœud 4 : $v_4 = 0$

  Fait apparaître une composante de l'effort inconnu : Y_2

Finalement on obtient le vecteur de déplacements nodaux :

$$\{U\}^T = \{0 \quad 0 \quad u_2 \quad v_2 \quad u_3 \quad v_3 \quad u_4 \quad 0\}$$

On a une force F appliquée au nœud 3 et 3 forces inconnus des appuis aux nœuds 1 et 4. D'où le vecteur des forces nodales est :

$$\{F\}^T = \{X_1 \quad Y_1 \quad 0 \quad 0 \quad F \quad 0 \quad 0 \quad Y_4\}$$

D'où l'équation matricielle à résoudre :

$$\frac{ES}{2L}\begin{bmatrix} 3 & 1 & 0 & 0 & -1 & -1 & -2 & 0 \\ 1 & 3 & 0 & -2 & -1 & -1 & 0 & 0 \\ 0 & 0 & 3 & -1 & -2 & 0 & -1 & 1 \\ 0 & -2 & -1 & 3 & 0 & 0 & 1 & -1 \\ -1 & -1 & -2 & 0 & 3 & 1 & 0 & 0 \\ -1 & -1 & 0 & 0 & 1 & 3 & 0 & -2 \\ -2 & 0 & -1 & 1 & 0 & 0 & 3 & -1 \\ 0 & 0 & 1 & -1 & 0 & -2 & -1 & 3 \end{bmatrix} \times \begin{Bmatrix} 0 \\ 0 \\ u_2 \\ v_2 \\ u_3 \\ v_3 \\ u_4 \\ 0 \end{Bmatrix} = \begin{Bmatrix} X_1 \\ Y_1 \\ 0 \\ 0 \\ F \\ 0 \\ 0 \\ Y_4 \end{Bmatrix} \quad [1]$$

4. Le système qui permettra de calculer les déplacements :

$$\frac{ES}{2L}\begin{bmatrix} 3 & -1 & -2 & 0 & -1 \\ -1 & 3 & 0 & 0 & 1 \\ -2 & 0 & 3 & 1 & 0 \\ 0 & 0 & 1 & 3 & 0 \\ -1 & 1 & 0 & 0 & 3 \end{bmatrix} \times \begin{Bmatrix} u_2 \\ v_2 \\ u_3 \\ v_3 \\ u_4 \end{Bmatrix} = \begin{Bmatrix} 0 \\ 0 \\ F \\ 0 \\ 0 \end{Bmatrix} \quad [2]$$

5. L'expression des déplacements des nœuds.

On calcule l'inverse de la matrice sur Matlab du système [2] pour calculer les déplacements. Après calcul de l'inverse de la matrice, on peut écrire :

$$\begin{Bmatrix} u_2 \\ v_2 \\ u_3 \\ v_3 \\ u_4 \end{Bmatrix} = \frac{L}{8ES}\begin{bmatrix} 16 & 4 & 12 & -1 & 1 \\ 4 & 7 & 3 & -1 & -1 \\ 12 & 3 & 15 & -5 & 3 \\ -4 & -1 & -5 & 7 & -1 \\ 4 & -1 & 3 & -1 & 7 \end{bmatrix} \times \begin{Bmatrix} 0 \\ 0 \\ F \\ 0 \\ 0 \end{Bmatrix}$$

Alors on obtient :

$$\begin{Bmatrix} u_2 \\ v_2 \\ u_3 \\ v_3 \\ u_4 \end{Bmatrix} = \frac{L}{8ES} \begin{Bmatrix} 12F \\ 3F \\ 15F \\ -5F \\ 3F \end{Bmatrix}$$

6. L'expression des actions de liaison.

Les équations 1,2 et 8 du système [1] nous donneront les efforts aux appuis en fonction de ces déplacements.

$$\begin{Bmatrix} X_1 \\ Y_1 \\ Y_4 \end{Bmatrix} = \frac{ES}{2L} \times \begin{Bmatrix} -u_3 - v_3 - 2u_4 \\ -2v_2 - u_3 - v_3 \\ u_2 - v_2 - 2v_3 - u_4 \end{Bmatrix} = \begin{Bmatrix} -F \\ -F \\ F \end{Bmatrix}$$

Annexe 1

Coefficient de concentration de contrainte en traction

1. Cas de Congé

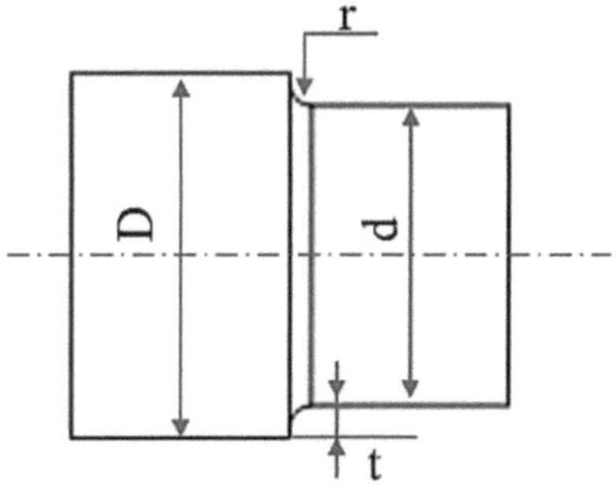

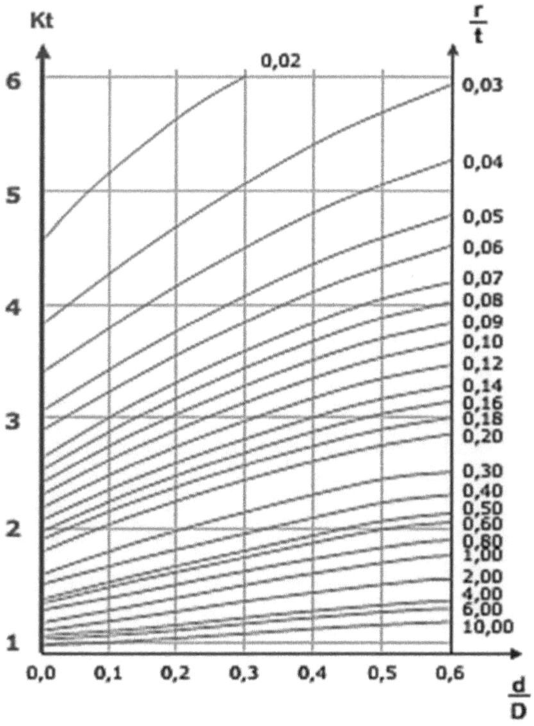

2. Cas de Gorge

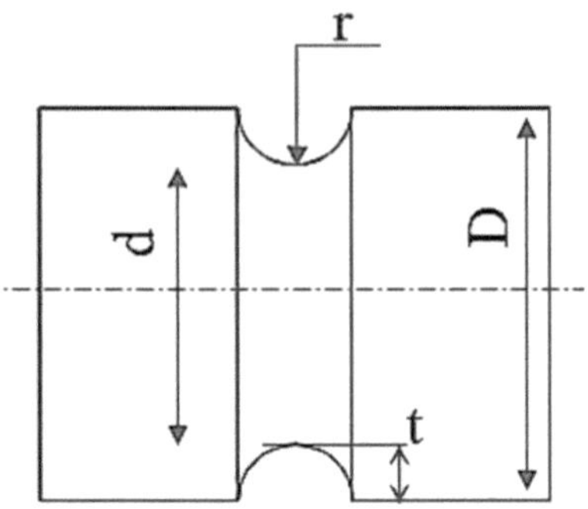

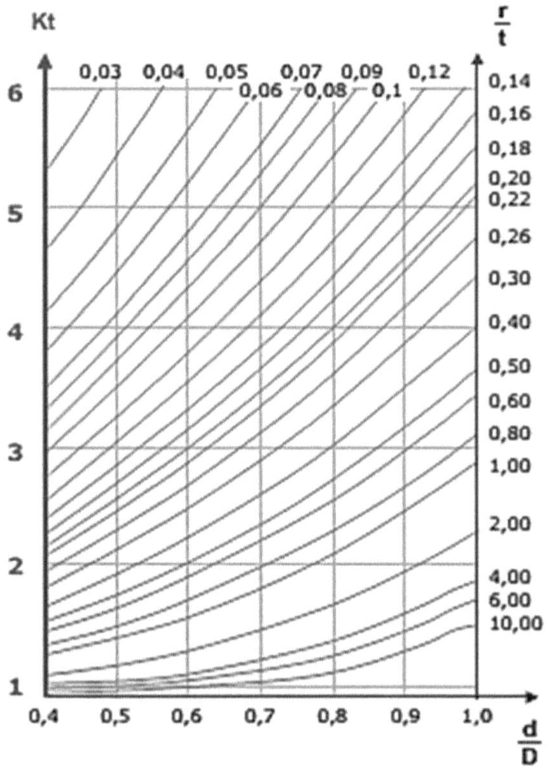

Annexe 2

Coefficient de concentration de contrainte en torsion

1. Cas de Gorge

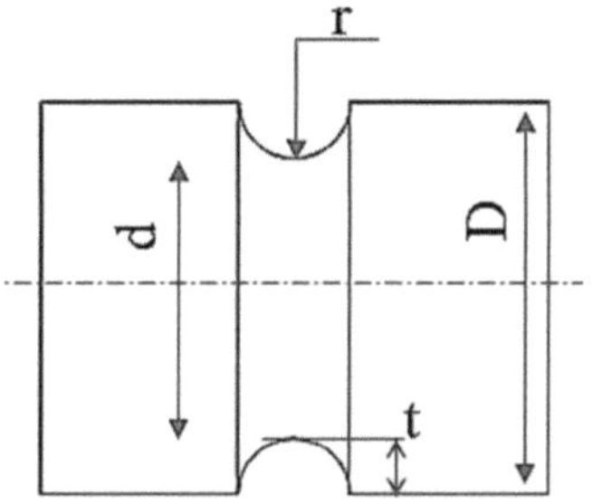

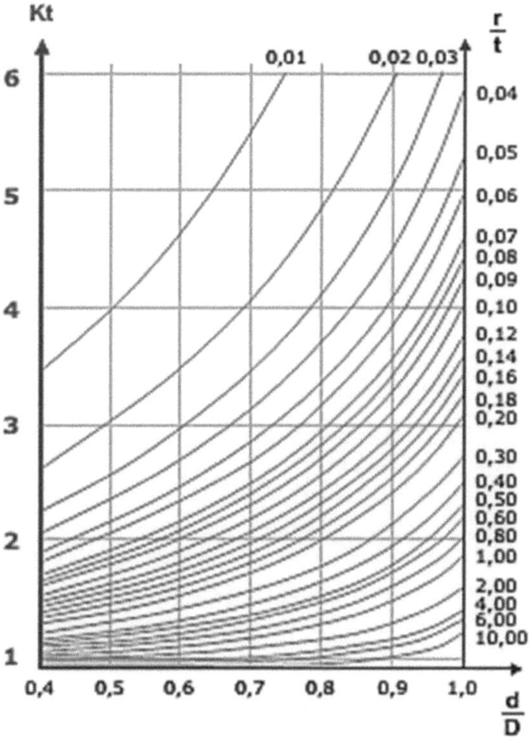

2. Cas de Congé

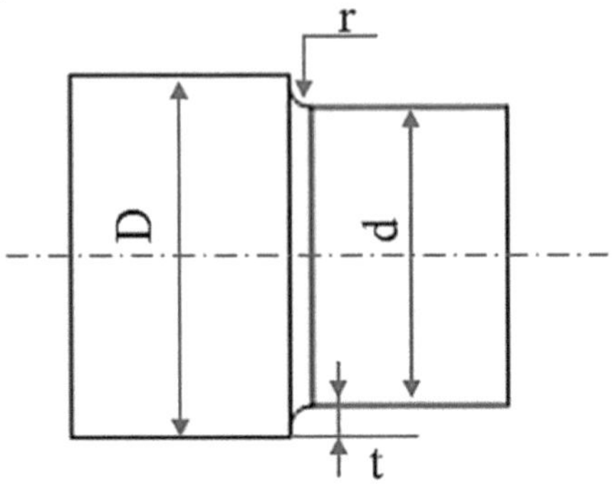

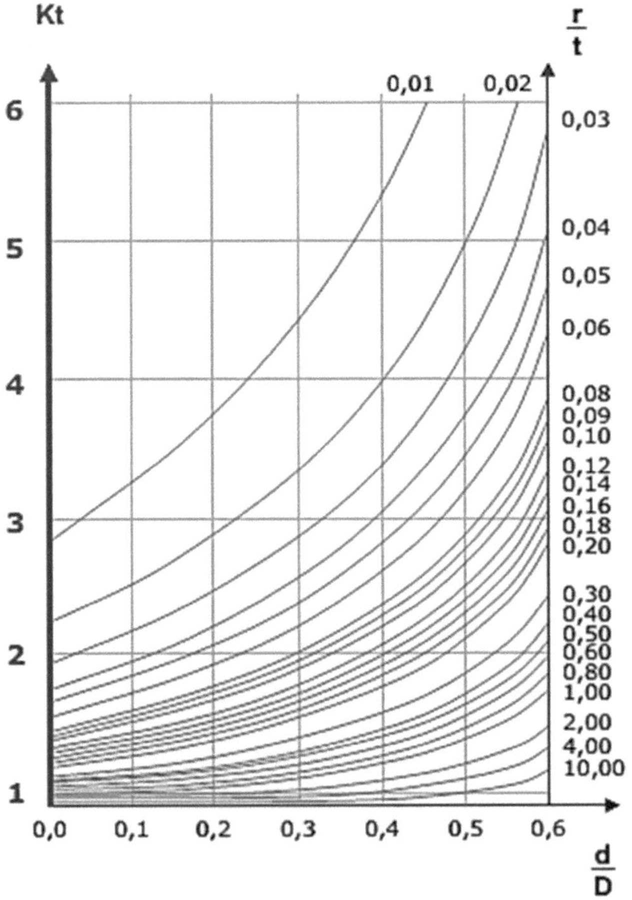

3. **Pour le cas de Clavette**

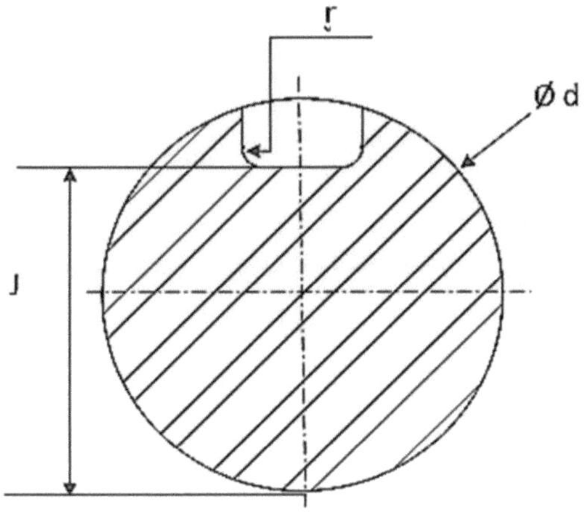

r / (d – J)	K_t
0,5	2,1
0,3	2,7
0,2	3,5
0,1	5,4

4. **Pour le Filetage métrique**

K =2,5